공부머리 만드는

초등 문해력 수업

초3 전, 공부 습관 잡는 엄마표 책 읽기

공부머리 만드는
초등
문해력
수업

김윤정 지음

믹스커피
MIXCOFFEE

우리 아이 문해력,
어떻게 키울 것인가?

요즘 문해력에 대해 관심을 갖는 부모님이 많아졌어요. 각종 미디어에서 문해력이 미래 권력이 될 것이라는 이야기를 하고, 또 디지털 시대일수록 문해력이 더 중요해진다고 하는데 도대체 왜 그런 건지 정확히 알 수 없어 막막하고 불안한 것 같아요.

문해력을 단순히 글을 읽고 쓰는 능력이라고 정의해도 될까요? 그 정도만으로는 문해력의 중요성에 대해 수박 겉핥는 정도밖에 설명할 수 없습니다. 유네스코는 '문해력이란 다양한 내용에 대한 글과 출판물을 사용하여 정의, 이해, 해석, 창작, 의사소통, 계산 등을 할 수 있는 능력'이라고 정의하고 있어요. 다시 말해 문해력은 글을 읽고 쓰는 능력에 머무르는 것이 아니라, 내가 읽은 글을 바탕으로 새로운 것을 창조해 낼 수 있고, 이미 존재하는 다른 것들과 연결할 수 있고, 중요한 정보와 중요하지 않은 정보를 골라낼 수 있는 능력까지를 포함합니다.

문해력이 떨어지면 읽고 쓰는 능력이 부족해서 국어 점수가 낮게 나오는 데서 그치지 않습니다. 사회에서 낙오자가 될 수도 있어요. 4차 산업혁명 시대가 열리고 AI가 세상을 움직인다고들 이야기하잖아요. AI와 경쟁하기 위해서는 나만의 생각을 구성하고 그것을 창의적으로 표현하는 능력을 키워야 해요. AI가 사람보다 못한 것은 그것뿐이니까요. 그래서 문해력을 미래 권력이라고까지 표현합니다.

문해력은 지속해서 노력하면 얼마든지 발달할 수 있는 능력이기 때문에 걱정할 필요가 없어요. 문해력에도 결정적 시기가 존재하기는 하지만, 그 시기를 넘겼다고 하더라도 꾸준히 노력하면 점점 발달시켜 나갈 수 있으니까요. 아이뿐만 아니라 어른들도, 또 노인이 되어서도 본인의 노력 여하에 따라 충분히 발달시킬 수 있는 능력이 바로 문해력입니다.

저는 문해력을 발달시키는 방법에 대해 이야기할 때 근육 키우는 과정을 주로 예로 들어요. 문해력을 발달시키는 과정과 근육을 키우는 과정이 매우 비슷하거든요. 근육을 키우기 위해서는 꾸준하게 근력 운동을 해야 하는 것처럼 문해력을 발달시키기 위해서는 꾸준하게 글을 읽고 쓰는 연습을 해야 해요.

아이 혼자 책을 읽고 쓰기 연습을 한다고 문해력이 발달할까요? 체육관에 등록하고 매일 가는데 살은 안 빠지고 근력도 늘지 않는 경험을 떠올리면 쉽게 이해될 것 같아요. 처음 근력 운동을 할 때는 그 방법을 잘 모르기 때문에 전문적인 기술을 갖춘 트레이너의 도움을 받으면 좋잖아요. 마찬가지로 아이의 문해력 발달을 위해서는 조력자가 필요합니다. 글자를 읽는다고 해서 글을 이해하고 해석할 수 있는 것은 아니니까요. 또한 읽기가 안 되면 쓰기는 더 안 되기 때문에 어릴 때부터 제대로 된 문해력 훈련이 필요해요.

바로 여기서 엄마가 필요합니다. 아이의 문해력 훈련에 있어 최고의 조력자는 바로 엄마거든요. 아이가 글을 제대로 잘 읽었는지를 확인하는 동시에 더 크고 깊은 생각을 할 수 있는 질문을 건넨다면, 아이는 머릿속에서 온갖 정보와 어휘들을 조합하여 그에 대한 답을 찾아 표현할 거예요. 이것이 바로 최고의 문해력 훈련이 됩니다.

트레이너가 경험이 부족하거나 실력이 없으면 근력 운동을 제대로 가르쳐 주지 못하겠지요. 무거운 덤벨이나 바벨을 열심히 들어 올린다고 근육이 생기는 것은 아니거든요. 근육의 쓰임을 정확히 알고 그에 맞는 운동의 종류와 자세를 설정할 수 있어야 해요. 그렇지 않으면 근육이 잘 만들어지지 않을 뿐만 아니라 잘못하면 다칠 수도 있습니다.

아이의 문해력을 발달시켜 나가는 과정도 마찬가지예요. 무작정 책을 많이 읽게 한다고 문해력이 발달하는 것은 아닙니다. 좋은 학원에 보낸다고 갑자기 문해력이 좋아지는 것도 아니고요. 국어 문제집을 풀게 한다면 글을 읽고 답을 찾아내는 연습까지는 되겠지만 앞에서 말했듯이 그게 문해력의 핵심은 아니에요. 오히려 잘못된 방법으로 밀어붙였다가는 자칫 독서로부터 완전히 멀어지는 부작용이 발생할 수 있어요.

　제가 『공부머리 만드는 초등 문해력 수업』을 집필하게 된 동기도 바로 여기에 있습니다. 아이의 미래를 좌우할 핵심 능력으로 떠오른 문해력을 일상생활에서 아주 자연스럽게 발달시켜 나갈 수 있는 방법을 알려 드리고 싶었어요. 엄마는 소문난 학원보다, 인기 강사보다 훨씬 더 완벽한 문해력 선생님이 될 수 있거든요.

　문해력을 발달시키는 가장 좋은 방법은 독서이기 때문에 어떤 책으로 어떤 활동을 하면 좋을지에 초점을 맞췄습니다. 장황한 이론보다는 실제 아이와 함께 책을 읽으면서 엄마가 섬세하게 짚어 주면 좋을 내용과 책을 읽은 후에 하면 좋을 활동들로 채웠습니다. 아이들은 엄마와 함께 책을 읽으며 이야기를 나누는 시간을 아주 즐거워하기 때문에 이 책을 따라 하다 보면 아이의 정서 발달에도 긍정적인 영향을 미칠 거예요. 문해력 훈련도 하고 상호 작용도 하고……. 이것이야말로 일석이조가 아닐까요?

아이랑 책 읽기 좋은 날,

김윤정

차례

시작하며

우리 아이 문해력, 어떻게 키울 것인가?　★4

01 *

문해력, 왜 중요할까요?

공부를 못하고 싶어서 못하는 게 아니다　★16
―국어뿐 아닌 전 과목 성적을 좌우하는 문해력

일찍 시작할수록 효과 있는 문해력 수업　★26
―만 4세~초등 2학년, 문해력을 결정하는 시기

잘못된 책 육아가 아이를 책맹으로 만든다　★39
―우리 아이 문해력 해결사는 진짜 독서

하루 30분, 엄마와 함께하는 독서로 문해력 키우기　★47
―엄마표 문해력 수업에서 놓치지 말아야 할 것

02 *

엄마랑 책 읽고 문해력 수업 · 1

감수성 높은 마음 부자로 자라요!

나답게 살아가기 ★58

약속의 중요성 깨닫기 ★63

입장 바꿔 생각하기 ★68

사소한 갈등 해결하기 ★74

가족의 소중함 깨닫기 ★79

예쁘게 진실을 말하기 ★84

고정 관념 깨기 ★89

나누는 기쁨 알기 ★94

가치 있는 행동 실천하기 ★100

생명을 존중하는 마음 갖기 ★105

03 *

엄마랑 책 읽고 문해력 수업 · 2

더불어 살아가는 구성원으로 자라요!

부정적인 감정 건강하게 표현하기 ★112

새로운 친구 사귀기 ★117

따돌림 문제 해결하기 ★122

장애인 입장 이해하기 ★126

규칙의 중요성 알기 ★131

민주주의의 의미 알기 ★136

투표의 의미와 가치 알기 ★141

국기에 담긴 의미 알기 ★147

문화의 다양성 존중하기 ★152

인종 간의 다름 존중하기 ★157

04 *

엄마랑 책 읽고 문해력 수업 · 3

꿈의 소중함을 깨달아요!

꿈의 소중함 알기 ★164

내가 진짜 하고 싶은 것 찾기 ★170

나에 대해 정확하게 알기 ★175

내 마음 사랑하기 ★181

자신의 기질 이해하기 ★186

용기의 의미 알기 ★191

내 꿈의 장애물 극복하기 ★196

역경을 딛고 꿈 이루기 ★201

행운이 찾아오는 습관 깨닫기 ★206

진정한 행복 알기 ★211

05*

엄마랑 책 읽고 문해력 수업 · 4

지구의 환경을 고민해요!

지렁이의 역할을 알고 보호하기   ★218

생활 속에서 환경 보호 실천하기   ★224

쓰레기 문제 인식하기   ★229

쓰레기 재활용 실천하기   ★234

지구 온난화 해결 방법 찾기   ★239

멸종 위기 동물 구하기   ★244

서식지 파괴에 대한 문제의식 키우기   ★250

물의 순환에 대해 이해하기   ★255

바다 오염 문제 파악하기   ★260

우주 쓰레기의 문제점 알기   ★265

수록 도서 목록   ★270

아이는 부모의 무릎 위에서

독자가 된다.

_에밀리 부르발드(오스트리아 어린이 책 작가)

문해력이란 무엇일까요? 문해력은 왜 중요할까요? 문해력을 발달시키려면
어떤 노력을 기울여야 할까요? 엄마와 함께 책 읽는 시간은 아이의 문해력에
어떤 영향을 미칠까요?

1장에서는 미래 핵심 역량으로 떠오른 문해력에 대해 꼭 알아야 할 주요 정보
를 담았습니다. 문해력을 완전 정복하여 아이의 밝은 미래를 설계해 보세요.

01 *

문해력,
왜 중요할까요?

공부를 못하고 싶어서
못하는 게 아니다

★

국어뿐 아닌 전 과목 성적을 좌우하는 문해력

같은 학원에 다니는데 누구는 100점이고
우리 애는 30점인 이유는?

•

얼마 전 같은 아파트 단지에 사는 지인과 우연히 마주쳤습니다. 오랜만에 만난 터라 그동안의 안부로 시작해 다이어트, 건강, 시시콜콜한 가정사까지 이야기가 오가다가 결국 아이의 공부 문제로 귀결됐지요. 엄마들의 대화는 대부분 기승전 아이 성적이잖아요.

아이의 시험 점수에 대해 하소연하던 지인은 곧 수학학원 이야기로 넘어가데요. 같은 학원에서 같은 비용을 내고 같은 선생님한테 배우는데 옆집 애는 100점을 맞고 우리 집 애는 왜 30점을 맞는 것인지 알 수가 없다고 열변을 토했어요. 아이가 숙제도 성실히 해가고, 수업 시간에도 집중해서 열심히 듣는다고 하는데 도대체 뭐가 문제인지 모르겠다고 답답해했습니다. 저는 조심스럽게 아이의 문해력을 점검 해 보면 어떻겠냐고 제안했어요. 지인이 되묻더라고요.

"문해력이 뭐야?"

문해력은 글을 읽고 해석하는 능력입니다. 단순히 글자를 읽고 그 것이 무슨 뜻인지 이해할 수 있는 능력만이 아니라, 그 글을 분석하고 판단하여 실생활에서 활용할 수 있는 범위까지를 포괄하는 능력이지 요. 문해력과 독해력이 어떻게 다른 것인지 궁금해하는 사람들이 많 은데, 글을 읽고 그것이 어떤 뜻인지 추론할 수 있는 독해력은 문해력 안에 포함되는 능력이라고 보면 됩니다. 문해력은 글을 추론하는 데 서 끝나는 것이 아니라 그것을 실질적으로 활용할 수 있는 것까지를 나타내기 때문에 읽기뿐만 아니라 쓰기까지 문해력에 포함돼요.

글자를 읽을 줄 안다고 해서 문해력을 갖췄다고 생각하면 큰 착각 이에요. 글자를 읽는 것과 글을 해석하는 것은 완전히 다른 차원이거 든요. 글자를 술술 읽을 줄 안 다고 글의 내용을 파악할 수 있는 것은 아닙니다. 지인의 고민처럼 아이가 공부를 열심히 하는데도 점수가 잘 나오지 않는다면 문해력부터 점검해 봐야 합니다. 왜냐하면 문해력이 떨어지면 글 해석이 안 돼 문제 자체를 이해하지 못하는 지경에 처하거든요. 뭘 물어보는지 이해할 수 없으니 시험을 잘 보지 못할 수밖에요. 또 시험 문제를 이해했다고 하더라도 문해력이 낮으면 그 문제에 대한 자신의 생각을 말이나 글로 제대로 표현하지 못합니다.

제가 아이들과 함께 『마법의 설탕 두 조각』이라는 유명한 책을 가지고 독서 논술 수업을 진행할 때였어요. '엄마 혹은 아빠와 내 마음이 맞지 않을 때 그것을 지혜롭게 해결할 수 있는 좋은 방법은 없을까요? 자신의 생각을 자유롭게 써 보세요.'라는 문제가 도대체 무슨 말인지 이해하지 못해 우왕좌왕하는 아이가 있었어요. 문제의 의미를 말로 다시 설명해 줬는데, 여전히 이해가 안 된다고 하더라고요. 문해력이 떨어지면 글뿐 아니라 말을 이해하는 데에도 어려움을 겪거든요. 그래서 아무리 쉽고 자세하게 설명해 줘도 그것을 이해하는 데 시간이 오래 걸릴 뿐만 아니라 완벽하게 이해하지도 못해요.

문제를 다 이해했다고 하더라도 앞에서 말했던 것처럼 자신의 생각을 말이나 글로 표현하는 데 서투르기 때문에 미숙한 답이 나올 수밖에 없습니다. 적절한 어휘들을 조합해서 자신의 생각을 명확하게 표현하는 것은 문해력이 떨어지는 아이에게 너무나 버거운 일이거든요. 문제가 어떤 의미인지 열정적으로 반복해서 설명해 줬지만 그 아이가 쓴 답은 '말한다.' 세 글자가 전부였어요.

한마디로 문해력이 떨어지면 문제 자체를 잘 파악하지 못하고, 선생님의 설명도 잘 이해하지 못하며, 답이 머릿속을 맴돌아도 신속하고 정확하게 표현하지 못합니다. 좀 과장하자면 외국어로 된 지문을 읽는 것처럼 알아보지 못하고, 외국어로 설명을 듣는 것처럼 알아듣지 못하는 상황에 비유할 수 있어요. 그것이 바로 같은 학원에서 같은 비용을 들여 같은 선생님한테 배워도 전혀 다른 결과가 나오는 결정적인 이유랍니다.

문해력이 높으면 국어를 잘한다?
문해력이 높으면 다 잘한다!

●

한동안 우리나라에서는 영어와 수학이 전체 성적을 좌우한다고 판단하는 경향이 강했어요. 국·영·수가 주요 과목이라고 하지만 국어는 한글을 알면 자연스럽게 잘할 수 있는 과목이라고 생각했기 때문에 영어나 수학에 비해 큰 비중을 두지 않았지요. 당연히 사교육에서 가장 큰 비용을 들여가며 정성을 쏟는 과목 또한 영어와 수학이었어요.

그런데 어느 순간부터 국어를 잘해야 다른 과목도 잘한다는 이야기가 들려오기 시작했던 것 기억하시죠? 교육 선진국은 점차 국어 교육을 강화하는 추세인데 우리나라는 이토록 국어를 천시해도 되겠냐는 자성의 목소리도 나왔고요. 그런데도 부모들은 잘 알지 못했습니다. 왜 국어가 중요한지, 그리고 왜 국어를 잘해야 다른 과목도 잘할 수 있는지를요.

국어 교육을 강화하고 있다는 것은 글을 읽고 쓰는 능력, 즉 문해력 교육을 강화하고 있다는 의미예요. 글을 읽고 쓸 줄 아는 문해력은 단순히 국어 성적에만 영향을 미치는 것이 아니라 모든 과목에 결정적인 영향을 미친답니다. 책이나 교과서나 교재 등은 모두 글로 이루어져 있고, 그것을 잘 이해할수록 더 좋은 성과를 낼 수 있기 때문이에요. 문해력은 이 세상 모든 학문에 접근하기 위한 디딤돌이라고 할 수 있어요.

심지어 문해력과는 전혀 상관없고 수리력이나 논리력이 성적의 차이를 만들 것만 같은 수학에서도 문해력의 중요성이 강조되고 있습니다. 수리력이나 논리력이 아무리 뛰어난들 문해력이 부족하면 문제 자체를 이해하지 못해 공식을 세우고 연산을 하는 단계로 넘어가지 못하는 어처구니없는 일이 발생하니까요. 또 문해력이 높으면 문제를 정확히 이해하기도 하지만, 더 빨리 이해하기도 합니다. 그래서 더 짧은 시간 안에 더 많은 문제를 풀 수 있지요. 요즘 수학 시험은 문장제가 대부분이라서 문제를 읽고 해석하는 과정이 수월하고 신속하게 이루어질수록 더 높은 점수를 받을 수밖에 없어요.

ㄱ, ㄴ, ㄷ이 아닌 A, B, C로 배워야 하는 영어 공부에서도 문해력의 중요성은 매한가지예요. 2021년 초에 방송돼 부모들 사이에서 큰 화제가 되었던 EBS 다큐멘터리 〈당신의 문해력〉에는 실제 영어 수업 시간이 나왔는데요. 아이들이 영어 단어의 우리말 뜻을 몰라 선생님이 그 뜻을 일일이 가르쳐 줘야 해서 힘겨워하는 모습이 비춰졌어요. 영

어 시간인데도 불구하고 마치 국어 시간처럼 우리말 단어의 뜻을 가르쳐 주고 있는 아이러니한 상황이었지요. 어휘력은 문해력의 기본이 되는 요소이기 때문에 부족한 어휘력은 곧바로 부족한 문해력으로 이어져요. 문해력이 높으면 영어 지문을 읽고 해석하는 데도 훨씬 수월해집니다.

4차 산업혁명 시대가 되면서 코딩 교육이 의무화됐습니다. 요즘 아이들은 유아 때부터 코딩을 접하고 있는데요. 컴퓨터와 관련된 직업이 앞으로 유망한 직종이 될 것이라는 전망과 더불어, 코딩을 하는 것만으로도 알고리즘을 풀어 나가는 과정을 겪으며 논리적 사고력이 높아진다고 해요. 저도 아이들의 코딩 교육을 적극적으로 권장하고 있어요.

코딩 역시 문해력과 관련이 깊어요. 키보드로 컴퓨터를 다루는데 문해력이 필요하다니, 너무 나간 거 아닌가 싶지요? 하지만 코딩도 알고 보면 컴퓨터가 알아들을 수 있는 '프로그래밍 언어'로 컴퓨터와 대화를 하는 것입니다. 미국인과 영어로 대화하고 중국인과 중국어로 대화하는 것처럼, 컴퓨터와는 프로그래밍 언어로 대화한다고 보면 돼요. 코딩을 하기 위해서는 프로그래밍 언어를 알아야 하는 것은 기본이고, 그 언어를 읽고 쓰는 문해력을 갖추고 있어야 컴퓨터와 효율적으로 대화를 나눌 수 있어요.

하버드대 학생들이 꼽은
성공 요인 1위, '글쓰기'

●

하버드대학교에 입학한 학생이라면 거의 비슷한 수준의 능력을 가지고 있을 텐데요. 그중 어떤 학생은 성공적인 학교생활을 하고, 또 어떤 학생은 그렇지 못한 길을 걷게 되지요. 하버드대학교 리처드 라이트 교수는 왜 그런 차이가 발생하는지 정말 궁금했나 봐요. 그래서 16년 동안 하버드대 학생 1,600명을 인터뷰하면서 성공적인 학교생활을 하는 학생들은 글쓰기에 많은 공을 들인다는 사실을 알아냈어요.

이것은 비단 하버드대학교 재학생에 한정된 이야기는 아닐 거예요. 로빈 워드 박사는 자신의 논문을 위해 하버드대학교를 졸업하고 사회에서 리더로 활약하고 있는 사람들을 대상으로 성공을 위해 가장 중요한 것이 무엇이냐는 설문 조사를 했던 적이 있어요. 무려 90%나 되는 사람들이 '글 쓰는 능력'을 선택했다고 해요. 성공을 위해서는 학력, 인맥, 사교성, 창의력, 리더십보다도 글 쓰는 능력이 더 중요하다고 판단한 것이지요.

명문대학교의 상징과도 같은 하버드대학교 재학생들과 졸업생들이 그토록 글쓰기를 중요하게 생각하는 이유는 무엇일까요? 하버드 출신뿐만 아니라 세계 대학교 순위에서 상위권을 차지하고 있는 대부분의 대학교 재학생과 졸업생 들이 가장 중요한 성공 조건을 글쓰기에서 찾고 있습니다. 자신의 생각을 상대방에게 효과적으로 전달하여 감동을 주고 결국엔 설득까지 할 수 있는 힘은 글쓰기 능력에서 나오기 때문이에요.

생각해 보세요. 입시나 입사를 준비할 때 제출하는 자기소개서, 대학교 과제로 제출해야 하는 리포트, 회사에서 빈번히 써야 하는 기획안 같은 것들은 결정권을 가진 사람을 설득할 수 있을 만한 글쓰기 능력이 없으면 한낱 종잇장에 불과하잖아요. 내 머릿속에 아무리 획기적인 아이디어와 결정적인 해결 방법이 들어 있어도 그것을 글로 표현하지 못하면 내가 그렇게 대단한 사람인 줄 어느 누가 알아주겠어요. 글쓰기 능력은 점점 더 큰 권력으로 자리 잡아가고 있습니다.

앞에서 문해력은 글을 분석하고 판단하여 실생활에서 활용할 수 있는 범위까지 포괄하는 능력이라고 이야기했는데, 실생활에서 활용하는 경우가 바로 말을 하거나 글을 쓰는 활동이에요. 글쓰기는 문해력의 결정체라고 할 수 있으며, 문해력을 향상하기 위한 노력은 글쓰기 단계까지 이어져야 합니다.

그런데 글쓰기는 어느 순간 갑자기 잘할 수 있는 것이 아니에요. 성장 과정에서 단계별로 필요한 능력들을 충분히 갖춰야만 가능해지는 매우 고차원적인 활동이에요. 어떤 능력을 갖춰야 하는지는 언어 능력의 발달 과정을 살펴보면 금세 알 수 있답니다.

인간의 언어 능력은 듣기, 말하기, 읽기, 쓰기의 순서로 발달합니다. 그래서 말을 하기 전부터, 아니 청력이 완성되는 태아 때부터 부모로부터 언어 자극을 많이 받으면 말하기도 잘하게 되어 있어요. 또 말하기 단계에서 부모 또는 주변인들과 상호 작용을 잘하면서 어휘력과 사고력을 향상하면 그다음 단계인 읽기도 별 어려움 없이 능숙하게 해낼 수 있습니다.

들기, 말하기, 읽기 단계를 잘 거쳐야만 가장 고차원적인 쓰기 활동을 수월하게 해낼 수 있어요. 물론 다양한 청각적 자극을 받지 못했다고 해서 말하기를 아예 못하는 것은 아니고, 다양한 어휘를 사용하여 말하는 경험이 적었다고 해서 읽기를 아예 못하는 것은 아니며, 읽기가 능숙하지 못하다고 쓰기를 아예 못하는 것은 아닙니다. 하지만 유창성 면에서 큰 차이를 보이게 돼요.

엄마와 함께 책 읽는 시간이 중요한 이유가 바로 여기에 있습니다. 엄마와의 책 읽기 시간은 이 모든 능력들을 섬세하게 다듬어 나갈 수 있는 가장 확실한 수단이 되기 때문이에요. 엄마가 읽어 주는 책을 들으며 듣기 능력을 키워 나가고, 엄마와 함께 책 내용을 가지고 대화를 나누며 말하기 능력을 키워 나갈 수 있으니까요.

또 엄마와 함께 책을 읽으면서 적절한 질문을 주고받으면 사실적 사고력과 더불어 확장적 사고력이 발달하면서 읽기 능력이 눈에 띄게 향상됩니다. 읽기 능력이 향상되면 독서에 대한 흥미도도 덩달아 높아지고요. 그럼 더 많이 읽게 될 테고, 그만큼 읽기 능력은 더 발달하겠지요. 하지만 읽기에 능숙하다고 해서 저절로 쓰기를 잘하는 것은 아니에요. 쓰기를 잘하려면 적절한 코칭과 훈련이 필요해요. 분명한 건 읽기에 능숙한 아이는 적절한 코칭을 받았을 때 쓰기에도 능숙해진다는 사실이에요.

　많은 시간을 들일 필요 없습니다. 또 많은 책을 읽어야 한다는 부담을 가질 필요도 없어요. 하루 30분, 딱 한 권만 제대로 읽어도 충분합니다. 얼마나 많은 책을 읽느냐는 하나도 중요하지 않아요. 독서는 양이 아닌 질이 중요한 활동이에요.

일찍 시작할수록
효과 있는 문해력 수업

★

만 4세~초등 2학년, 문해력을 결정하는 시기

문해력은
태어나기 전부터 만들어진다

•

청력은 다른 신체기관에 비해 빨리 완성되는 편인데, 태아의 달팽이 관은 임신 6개월 무렵 완성되어 이때부터 바깥 소리를 들을 수 있게 됩니다. 특히 엄마의 목소리는 자궁에 있는 태아에게 직접 전달되기 때문에 바깥에서 전달되는 다른 소리보다 태아가 훨씬 더 잘 들을 수 있다고 알려져 있어요. 좀 과장된 표현일지 몰라도, 문해력은 이 시기부터 발달한다고 해야 할 것 같아요. 엄마가 다양한 어휘로 이야기를 들려주거나 또 다정한 목소리로 책을 읽어 주는 것이 문해력의 뿌리가 될 테니까요.

아기는 태아 때 배 속에서 들었던 것을 기억할 수 있답니다. 미네소타대학교의 찰스 넬슨 박사는 태어난 지 하루 된 신생아에게 뇌파를 측정할 수 있는 장치를 씌우고는 엄마와 낯선 사람이 "아가!"라고 부르는 목소리를 반복해서 들려줬어요. 그러자 아기가 엄마의 목소리를 들을 때는 이미 저장되어 있는 기억을 되살리려는 시도를 하고, 낯선 사람의 목소리를 들을 때는 새롭게 기억을 저장하려는 시도를 하는 게 아니겠어요. 배 속에 있을 때 들었던 엄마의 목소리를 뇌에 저장하고 있다가 기억해 낸 것이에요. 태교의 일환으로 아이와 대화를 나누고 책을 읽어 주는 것은 엄마와의 교감을 통한 정서 발달에 도움이 되지만, 다양한 어휘나 풍부한 표현에 자연스럽게 노출되면서 문해력까지 키울 수 있는 경험도 됩니다.

출산 후에도 아이에게 꾸준히 책을 읽어 주는 것은 중요합니다. 아이들마다 문해력의 차이가 뚜렷이 드러나는 시기는 한글을 배워 나갈 즈음이지만, 사실은 그 이전부터 아이들의 문해력은 서로 다른 양상으로 발달해 나가요. 책이나 대화를 통해 새로운 어휘를 습득하고 다양한 문장을 접해 본 아이들은 문해력의 기본기가 탄탄해지면서 한글을 읽고 쓰는 단계에 접어들었을 때 어렵지 않게 배워 나갑니다. 또 책을 읽고 이해하는 속도와 정도도 우월할 수밖에 없어요.

이처럼 문해력은 태아 때부터 시작해, 신생아 때도 적절한 자극을 통해 발달시킬 수 있어요. 또한 한글을 모르는 유아기 때도 대화와 책 읽어 주기를 통해 문해력을 무럭무럭 키워 줄 수 있지요. 하지만 이 시기에 많은 자극과 다양한 경험을 제공해 주지 못했다고 좌절할 필요는 없습니다. 많은 전문가들이 문해력의 결정적 시기를 48개월 무렵으로 판단하고 있으니까요.

그 이유는 언어 발달 과정과 밀접한 관련이 있습니다. 우리 뇌에서 읽기나 쓰기를 담당하는 언어 처리 기관은 베르니케 영역과 브로카 영역이에요. 베르니케 영역은 말을 듣고 이해하는 것을 담당하고, 브로카 영역은 말하기와 글쓰기와 같은 표현하는 것을 담당하지요. 이런 역할을 하는 베르니케 영역과 브로카 영역이 발달하기 시작하는 시기가 바로 만 4세 무렵입니다. 그래서 이때부터는 언어 발달을 위한 경험을 얼마나 많이, 그리고 얼마나 적절하게 했는지가 고스란히 문해력의 차이로 이어집니다.

문해력은 읽고 쓰는 연습을 게을리하지 않는 한 평생에 걸쳐 발달합니다. 어른이 되었다고, 늙었다고 그 가능성이 멈춰 버리는 것은 아니에요. 제 경우 학창 시절에는 수업 시간에 몰래 소설책 꺼내 읽기를 좋아하고 종종 글짓기 대회에서 상을 받는 정도에 머물렀는데, 출판사 편집부에 입사한 이후로 문해력이 급속도로 발달한 것 같아요. 매일같이 원고를 검토하고 그것에 대한 보고서를 작성하다 보니 자연스럽게 문해력 훈련이 이루어졌어요.

노력을 기울이면 평생에 걸쳐 발달시킬 수 있는 능력이지만 많은 전문가들은, 특히 초등학교 교사들은 적어도 초등학교 2학년 때까지는 문해력의 기본기가 탄탄하게 뿌리를 내려야 한다고 입을 모읍니다. 왜냐하면 초등학교 3학년부터는 과목의 수가 많아지면서 학습량이 늘어나거든요. 게다가 교과서에 등장하는 어휘 역시 종류가 다양해지고 난도가 높아져요. 그래서 2학년 때까지 문해력의 기본기를 다지지 못한 아이들은 3학년이 되었을 때 수업 진도를 따라가기 어려워집니다. 그리고 그 어려움은 학년이 올라갈수록 점점 더 심해져요. 학년이 올라갈수록 교과서는 더욱더 어려워지니까요.

그제야 문해력의 중요성을 알고 노력을 기울인다 해도 녹록치 않을 것입니다. 뒤떨어지는 진도를 따라잡기도 어려운데 부족한 문해력 공부까지 하려면 얼마나 힘들겠어요. 시간이 갈수록 문해력이 발달해 수업 진도를 잘 따라가는 아이와 문해력이 떨어져 수업 진도를 잘 따라가지 못하는 아이의 학습 격차는 점점 커지겠지요.

그래서 문해력을 발달시키려는 구체적인 노력은 48개월부터 시작해야 하고, 늦어도 초등학교 2학년까지 기본기를 다져놔야 합니다. 제가 이 책의 핵심 독자층을 48개월부터 초등학교 2학년까지로 잡은 이유도 여기에 있어요.

만 4세 이전 아이에게는
많이 들려주는 것이 최고다

●

문해력은 단지 글을 잘 읽고 쓰는 문제가 아니라 학습 전반에 걸쳐 막강한 영향을 미친다고 하니 당연히 기초부터 차근차근 키워 나가야겠지요? 중요하다고 해서 당장 급하게 밀어붙여서는 안 됩니다. 문해력은 짧은 시간 안에 많은 변화가 일어날 수 있는 능력이 아니에요. 잘 읽고 잘 쓸 수 있는 시스템이 우리 뇌 안에 자리 잡아야 가능한 일이거든요. 주입식 교육이 전혀 먹히질 않아요. 아이가 스스로 터득하면서 다져 나갈 수 있도록 충분한 시간과 적절한 환경을 제공해야 해요.

어떻게 해야 우리 아이 문해력을 탄탄하게 키워 나갈 수 있을까요? 영아기부터 만 4세 미만의 아이와는 할 수 있는 게 많지 않아요. 아이와 많은 대화를 나누면서 다양한 어휘와 문장을 듣고 표현할 수 있는 기회를 마련해 주거나, 아이에게 다양한 책을 재미있게 읽어 줌으로써 언어적 자극을 주는 것이 전부이지요.

그런데 이것이 정말 중요해요. 문해력의 기본기는 이 시기에 이런 과정을 거치면서 탄탄하게 자리 잡습니다. 이 시기에 문해력의 기본기가 탄탄하게 자리 잡아야 꽃도 피고 열매도 맺을 수 있어요. 아이가 영유아기라면 대화를 통해 상호 작용을 많이 하고 책을 많이 읽어 주면서 문해력의 기본기를 다지는 데 힘을 쏟아 주세요.

문해력이 폭발하는
만 4세부터는 말놀이를 하자

•

만 4세부터는 문해력이 폭발적으로 발달합니다. 이때부터는 문해력을 발달시킬 수 있는 구체적인 활동을 시도해 볼 수 있어요. 문해력의 기본기는 음운 인식에서 시작됩니다. 음운 인식이란 글자를 보지 않고 말소리만 듣고도 단어를 식별하고 조작하는 능력인데, 음운 인식 훈련에 가장 좋은 활동이 '말놀이'예요. 말놀이는 어쩔 수 없이 글자를 바꾸고 더하고 빼는 음운 인식 과정을 거쳐야만 가능한 놀이이기 때문에 음운 인식을 발달시킬 수밖에 없지요.

게다가 아이들은 말놀이를 아주 좋아합니다. 대표적인 말놀이가 끝말잇기나 스무고개, 잰말놀이 같은 것들인데, 아이들은 이런 놀이를 한번 시작하면 엄마 아빠가 지쳐서 나가떨어질 때까지 계속하자고 졸라대잖아요. 그동안은 너무 힘들고 지겨워서 그만하자고 잘라 말하기 일쑤였겠지만, 그런 말놀이들이 아이의 문해력을 키워 주는 아주 효과적인 도구라는 것을 알게 된 순간부터는 아마도 쉽게 거절하지 못할 거예요.

제 아들은 일찍부터 한글을 읽고 쓰기 시작했어요. 5세부터 혼자책을 읽었고, 6세부터 글자를 쓰기 시작해서 7세 때는 복잡한 글자이외에는 거의 다 잘 썼던 것으로 기억합니다. 그런데 저는 한 번도 학습지를 시키거나 기관에서 한글 수업을 받도록 한 적이 없거든요. 어느 순간 글자를 그냥 읽고 쓰기 시작했습니다.

그런데 아들의 말문이 트이기 시작하면서부터(제 아들은 말문이 좀 늦게 트인 편이어서 30개월 무렵부터 두세 단어를 연결해서 말하기 시작했어요) 저는 아들과 이런 말놀이를 자주 했어요. 제가 멜로디를 붙여 "'가방' 할 때 '가'에 'ㅇ'을 붙이면?"이라고 하면 아들 역시 멜로디를 붙여 "강, 강, 강!"이라고 대답하는 식으로요. 나중에는 "'라면' 할 때 '라'에 'ㅂ'을 붙이면?"이라는 비교적 복잡한 글자를 묻기도 했는데, 그때도 "랍, 랍, 랍!"이라고 곧잘 대답했습니다. 음운 인식이 확고해졌던 것이지요.

그때는 이것이 말놀이인 줄도 몰랐고, 이것이 아이의 언어 발달을 돕는다는 사실도 몰랐어요. 그런데 우연히 시작한 놀이를 아이가 너무 좋아해서 진심으로 즐거워하는 것이 느껴졌고, 거기다가 그 작은 입에서 나오는 정답이 너무 신기해서 저도 진심으로 즐겼던 것 같습니다. 그러다 보니 한글을 본의(?) 아니게 정복할 수 있었지요. 지금 와서 돌이켜보면 아이들은 발달 과정에 맞춰 자연스럽게 그 단계에 맞는 호기심과 학구열을 표출하는 것 같아요. 다만 부모가 너무 앞서 이것저것 하라고 하는 것이 많기 때문에 그런 욕구를 표출할 겨를조차 잃고 마는 것이지요.

혹시나 만 4세부터 문해력이 폭발적으로 발달한다는 말에 이때를 놓치지 않고 얼른 한글 공부를 시켜야겠다고 생각하는 분이 계실지 모르겠어요. 음운 인식이 가능해지면 한글은 수월하게 깨칠 수 있는

데 굳이 어려운 길로 돌아갈 필요 있겠어요? 말놀이를 통해 음운 인식부터 발달시켜 주세요.

뇌 발달 측면에서도 이 시기부터 한글 교육이 이루어지는 것은 부작용을 낳습니다. 만 4~6세는 전두엽이 폭발적으로 발달하는 시기예요. 전두엽은 고차원적인 사고를 가능하게 하는 부위이며, 또한 감정 조절과 공감 능력을 발휘하며 인간을 인간답게 해 주는 부위지요.

이 시기에 한글 공부를 강요하면 전두엽의 발달을 방해합니다. 한글 공부는 측두엽을 자극하기 때문에 상대적으로 전두엽이 활성화될 기회를 잃게 되지요. 그렇다고 한글 공부가 원활하게 이루어지는 것도 아니에요. 뇌 발달 단계에 따르면 측두엽은 만 7~12세에 집중적으로 발달하므로 한글 공부는 만 7세부터 시작하는 것이 가장 알맞습니다.

정서적인 부작용도 무시할 수 없어요. 이 시기 아이들은 성공의 경험을 통해 자존감과 효능감, 그리고 주도성을 키워 나갑니다. 하지만 한글 공부는 이 시기의 아이들에게 너무 어려운 것이라 좌절의 경험을 겪게해요. 당연히 자존감과 효능감, 주도성에 좋지 않은 영향을 끼치겠지요.

영유아기 아이들에게는 말놀이를 통해 음운 인식이 이루어지도록 하는 것이 가장 필요하고 중요합니다. 그렇다고 말놀이만 해야 한다는 것은 절대로 아닙니다. 다양한 책을 읽어 주면서 언어 발달을 돕고 상호 작용을 하는 것은 태어나는 순간부터 독서 홀로서기를 하는 순간까지 게을리하면 안 되는 부분이에요.

초등 1·2학년,
아이 유형에 따라 다르게 접근한다

•

초등학교에 입학하는 순간부터 문해력의 차이는 적나라하게 드러나게 됩니다. 영국의 교육학자 테라 라일리 리즈가 영국의 초등학교 1학년을 대상으로 연구한 결과에 따르면 한 교실 안에서 함께 공부하는 아이들이 크게는 5년까지 읽기 격차가 난다고 해요. 엄청난 차이이지요.

이 시기 아이들의 읽기 능력을 좌우하는 것은 바로 '읽기 유창성'이에요. 읽기 유창성을 사전에서 찾아보면 '물 흐르듯이 거침이 없고 빠르고 정확하게 글을 읽어내는 능력'이라고 나옵니다. 글자를 정확한 발음으로 막힘없이 읽을 수 있을 뿐만 아니라 띄어 읽기도 제대로 할 수 있어야 읽기 유창성이 높다고 봅니다. 그런데 많은 부모들이 글자를 정확하게 읽는지는 꼼꼼히 살펴보는데 띄어 읽기를 제대로 하는지는 눈여겨보지 않는 것 같아요. 글자를 잘 읽기만 하면 읽기 능력을 갖춘 것이라고 오해하는 데서 비롯됐지요.

글자를 정확히 읽는 것은 읽기 능력을 구성하는 매우 중요한 요소이지만 절대로 전부가 될 수는 없어요. 문장의 의미를 정확하게 파악하는 데까지 이어져야 전부라 할 수 있지요. 그런데 띄어 읽기를 잘한다는 것은 문장의 의미를 제대로 파악하면서 읽는 것이기 때문에 독해력으로 이어집니다. 문해력은 독해력을 기반으로 해서 발달하게 되고요. 이런 연결 고리가 있기 때문에 읽기 유창성은 아주 중요해요.

아이가 읽기에 유창한지 확인해 보고 싶다면 소리 내어 천천히 또박또박 읽어 보도록 하면 됩니다. 그것을 세심하게 관찰하면서 잘 읽지 못하는 부분이 있으면 바로잡아 주세요. 아이들이 유창하지 못한 부분은 다양한 양상으로 나타날 거예요. 글자를 읽는 것 자체에 서툰 아이도 있고, 어려운 글자만 잘 읽지 못하는 아이도 있고, 중간중간 글자를 자꾸 빼먹고 읽는 아이도 있습니다. 발음이 정확하지 않은 아이도 있으며, 띄어 읽기를 제대로 하지 못하는 아이도 있어요. 문장 중간까지는 잘 읽다가 끝부분에 가면 또박또박 읽지 않고 뭉개 버리는 아이도 있을 테고, 작은 목소리로 빠르게 휙 읽고 끝내 버리는 아이도 있을 거예요.

만약 글자 자체를 잘 읽지 못한다면 그것은 아직 글자의 소릿값을 모르고 있다는 뜻입니다. 영어가 A, B, C 같은 알파벳으로 이루어진 것처럼 한글도 ㄱ, ㄴ, ㄷ 같은 자음과 ㅏ, ㅑ, ㅓ 같은 모음으로 이루어진 문자예요. 영어를 배울 때 파닉스를 통해 알파벳의 소릿값을 배우는 것처럼 한글 역시 자음과 모음이 가진 소릿값부터 알아야 제대로 읽는 것이 가능해집니다.

만 4세 전후의 아이들은 말놀이를 통해 소리를 빼거나 더하는 조작을 해 보는 경험만으로도 자연스럽게 소릿값을 배워 나갈 수 있습니다. 하지만 초등학교에 입학한 이후에도 여전히 소릿값을 몰라 글자를 제대로 읽지 못한다면 그때는 아이에게 자음과 모음의 소릿값을 정확하게 알려 줘야 해요. 소릿값을 제대로 모른 채 학년을 올라가

초성으로 쓰이는 자음 19개와 소릿값													
ㄱ	ㄴ	ㄷ	ㄹ	ㅁ	ㅂ	ㅅ	ㅇ	ㅈ	ㅊ	ㅌ	ㅍ	ㅋ	ㅎ
그	느	드	르	므	브	스	으	즈	츠	트	프	크	흐
ㄲ		ㄸ			ㅃ	ㅆ		ㅉ					
끄		뜨			쁘	쓰		쯔					

중성으로 쓰이는 모음 21개와 소릿값										
ㅏ	ㅓ	ㅗ	ㅜ	ㅡ	ㅣ	ㅐ	ㅔ	ㅟ	ㅚ	
아	어	오	우	으	이	애	에	위	외	
ㅑ	ㅕ	ㅛ	ㅠ	ㅒ	ㅖ	ㅘ	ㅝ	ㅙ	ㅞ	ㅢ
야	여	요	유	얘	예	와	워	왜	웨	의

종성으로 쓰이는 자음 27개와 소릿값													
ㄱ	ㄴ	ㄷ	ㄹ	ㅁ	ㅂ	ㅅ	ㅇ	ㅈ	ㅊ	ㅌ	ㅍ	ㅋ	ㅎ
윽	은	읃	을	음	읍	읏	응	읃	읃	읔	읍	윽	읃
ㄲ						ㅆ							
윽						읃							
ㄱㅅ	ㄴㅈ	ㄴㅎ	ㄹㄱ	ㄹㅁ	ㄹㅂ	ㄹㅅ	ㄹㅌ	ㄹㅍ	ㄹㅎ	ㅂㅅ			
윽/응	은	은	윽/을/응	음/을	읍/을/음	을	을	읍/을	을	읍/음			

초 · 중 · 종성에 따른 자음과 모음의 소릿값

면 읽기 유창성뿐만 아니라 맞춤법에도 진전이 거의 없습니다.

보통 한글을 가르쳐 줄 때 기억, 니은이나 아, 야 같은 자음과 모음의 이름만 알려 주잖아요. 물론 자음과 모음의 이름을 알아야 합니다. 그런데 실질적으로 읽는 데 필요한 것은 자음과 모음의 이름이 아니라 소릿값이에요. 예를 들어 ㄱ은 초성일 때는 소릿값이 '그'이고, 종성일 때는 '윽'입니다. 그래서 ㄱ(초성)과 ㅏ(중성)와 ㄱ(종성)이 만났을 때는 '그'와 '아'와 '윽'이 합쳐져 '그아윽'이 되는데, 이것을 빨리 읽으면 '각'이 된다는 사실을 아이가 이해할 수 있어야 해요.

아이가 소릿값을 알아서 글자를 읽는 것 자체가 불가능한 것은 아니지만 또박또박 정확하게 읽는 것에 서툴다면, 소리 내어 읽는 것을 반복하여 하나하나 교정해 나가야 합니다. 소리 내어 읽는 이유는 눈으로만 훑어보면 그런 문제점이 잘 발견되지 않기 때문이에요.

아이가 소리 내어 읽더라도 부모가 옆에서 그것을 정확하게 확인하지 않으면 아무 소용이 없어요. 제가 코칭하던 아이 중에 읽기 유창성이 많이 떨어지는 아이가 있었어요. 단어나 문장을 통째로 빼먹고 읽기 일쑤였고, 처음에는 잘 읽다가 어느 순간부터 목소리가 기어들어 가면서 얼버무리는 것이 매번 반복됐지요. 발음도 부정확하고 띄어 읽기도 제대로 하지 않았고요.

제 독서 토론, 독서 논술 수업은 읽기 유창성이 뒷받침된다는 전제하에 독해력을 키우는 과정부터 진행되기 때문에 이 문제점에 대해 아이의 어머니와 의논을 했습니다. 집에서도 소리 내어 책 읽기를 하면서 아이가 읽기 유창성을 키워 나갈 수 있도록 도움을 주십사 당부드렸어요. 그런데 어머니는 아이가 집에서 책을 소리 내어 잘 읽는다고 하더라고요. 그냥 책을 들고 글자를 읽으니까 멀리서 그 모습을 보고는 잘하고 있다고 생각한 모양이에요.

아이가 소리 내어 읽을 때는 엄마가 눈으로 책을 함께 따라 읽으며 아이가 어떤 부분에 문제가 있는지 정확하게 확인해야 합니다. 물론 지적보다는 격려를 통해 아이가 수치심 없이 어려움을 극복해 나갈 수 있도록 도움을 줘야겠지요.

다행히 초등학교 1·2학년 아이들은 여전히 부모님과 상호 작용하는 것을 무척 행복해합니다. 함께 다정히 앉아 소리 내어 책을 읽는 시간을 즐겁게 받아들일 거예요. 이때 부모님과 아이가 한 쪽씩 번갈아 소리 내어 읽는 것도 좋은 방법입니다. 정확하게 발음하고 올바르게 띄어 읽는 요령을 아이에게 자연스럽게 전수해 줄 수 있으니까요.

책을 유창하게 읽다 보면 자연스럽게 독해력도 향상될 것입니다. 독해력이 향상되면 문해력도 서서히 발달하고요. 하지만 그냥 책을 읽는 것만으로는 독해력, 문해력을 크게 발달시킬 수는 없습니다. 사실적 사고력과 확장적 사고력을 키워 줄 수 있는 질문을 통해 아이가 내용을 정확하게 읽는 동시에 생각의 그릇을 키워 나갈 수 있는 경험을 많이 해야 해요. 어떤 질문들이 아이의 문해력을 키워 줄 수 있는지는 2~5장에서 소개할게요.

잘못된 책 육아가
아이를 책맹으로 만든다

★

우리 아이 문해력 해결사는 진짜 독서

다독이 중요할까,
정독이 중요할까?

•

요즘은 책 육아가 각광을 받고 있습니다. 책 육아는 책을 가까이하는
사람으로 성장하도록 어렸을 때부터 책을 많이 읽어 주거나 많이 읽
히는 육아 방식을 말하지요. 저는 개인적으로 아주 좋은 현상이라고
생각합니다. 책은 아이들의 인지·정서·언어 발달을 촉진하는 가장
효과적인 방법이니까요. 게다가 우리는 모든 것을 직접 경험할 수 없
기 때문에 간접 경험을 통해 지식과 지혜를 쌓아야 하는데, 간접 경험

으로 독서만큼 좋은 게 없지요. 어리면 어릴수록 이 모든 혜택을 더 일찍부터 받을 수 있다는 뜻이기 때문에 무조건 일찍 책에 노출시켜 주는 것이 이로워요.

다만 그것은 책 육아의 본질을 잃지 않았을 때 얻을 수 있는 혜택들입니다. 책 육아가 잘못되면 오히려 부작용이 생길 수 있어요. 제가 강의나 상담을 할 때 가장 많이 받는 질문 중 하나가 바로 다독이 중요한지, 아니면 정독이 중요한지에 대한 것이에요. 이런 질문을 받으면 저는 1초도 망설임 없이 이렇게 대답합니다.

"어렸을 때는 다독이 중요한 것도 아니고 정독이 중요한 것도 아닙니다. 책을 좋아하는 아이로 키우는 것이 중요해요."

책 육아의 본질은 책을 좋아하는 아이가 되도록 하는 데 있습니다. 책을 좋아하는 아이는 자연스럽게 다독도 하고 정독도 하게 되어 있어요. 그러기 위해서는 책에 대한 긍정적인 느낌을 갖는 것이 가장 우선적으로 이루어져야 할 일이에요. 책은 재미있는 이야기들로 가득한 것, 책은 나를 즐겁게 해 주는 것, 책은 엄마와 함께하는 시간을 만들어 주는 선물 같은 것이라는 느낌이 들어야 책에 대해 긍정적으로 생각하게 되겠지요.

하지만 잘못된 책 육아로 인해 무조건 많이 읽으라는 또는 누군가가 좋다고 추천해 준 책을 읽으라는 강요를 받기 일쑤여서 책에 대한 긍정적인 느낌은커녕 거부감만 키우는 결과를 초래하기도 합니다. 강요가 계속되면 아이는 독서에 즐겁게 몰입하지 못하고 하나의 과제처럼 여기기 시작합니다. 초등학교 때까지는 그래도 엄마의 강요에 의해 억지로라도 읽는데, 중학교 이후부터는 책을 손에서 놓는 경우가 많이 발생하지요. 책 육아의 운명은 청소년기 이후에 뚜렷이 결정됩니다.

2018년 '책의 해'를 맞이하여 문화체육관광부와 책의 해 조직위원회에서 발표한 〈독자 개발 연구〉 결과만 봐도 알 수 있어요. 이 연구에서 우리나라 성인들의 생애 독서 그래프를 분석했는데, 초등학교 때 가장 많은 책을 읽고 그 이후부터 감소하는 모습을 보였습니다. 또 성인이 되는 20대 이후부터는 급속도로 감소하는 것을 확인할 수 있었어요.

다양한 디지털 기기가 범람하고, 화려한 영상 콘텐츠들이 즐비한 시대에 책을 읽지 않는 것은 당연하다고 생각할 수도 있겠지요. 하지만 책을 좋아하는 사람들은 아무리 바빠도 일부러 시간을 내어 책을 읽으면서 그 안에 담긴 지식과 지혜 섭취를 게을리하지 않습니다. 왜냐하면 책을 통해 얻을 수 있는 희열과 감동은 다양한 디지털 기기와

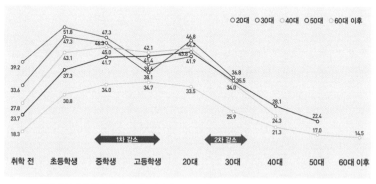

대한민국 국민 생애 독서 그래프 (출처: 2018 책의 해 조직위원회, 〈독자 개발 연구〉)

화려한 영상 콘텐츠가 선사하는 그것과는 비교할 수 없이 깊고 크기 때문입니다.

많이 읽는 것이 아니라
제대로 읽는 것이 중요하다

●

글자는 읽을 수 있지만 책을 읽지 않는, 혹은 책을 읽어도 무슨 내용인지 이해하지 못하는 사람들을 신조어로 '책맹'이라고 표현한다고 하네요. 글자를 읽지 못하는 사람을 문맹이라고 하고 컴퓨터를 못하는 사람을 컴맹이라고 하는 것처럼 책을 읽지 못하는 사람을 책맹이라고 하는 거예요. 책맹은 다시 말해 문해력이 뒤떨어지는 사람이라고 할 수 있겠군요.

아이를 책맹으로 키우지 않기 위해서는 제대로 된 책 육아가 필요합니다. 책에 일찍 노출시킨다고, 책을 무조건 많이 읽어 준다고 책을 좋아하는 아이가 되는 것은 아니니까요. 그렇다면 책 육아를 할 때 가장 신경 써야 할 부분은 무엇일까요?

가장 중요한 것은 재미있는 책, 흥미로운 책으로 시작해야 한다는 점이에요. 재미있어서 집중해야 내용에 관심을 갖고 책의 의미를 해석하려는 시도를 하게 됩니다. 또 흥미있어야 책에 등장하는 어휘의 뜻에도 호기심을 보이지요. 다시 말해 재미있는 책, 흥미로운 책이어야 문해력을 키우는 독서가 가능해집니다.

　그래서 저는 아이의 책을 선택할 때 절대로 육아 커뮤니티에 의존하지 말았으면 하는 바람이 있습니다. 육아 커뮤니티나 SNS에서 활발하게 활동 중인 인플루언서들의 책 육아 관련 피드를 보면 아이가 읽기 좋을 만한 책을 추천해 달라는 댓글들이 정말 많습니다. 그런데 그 책들은 그 아이들이 좋아하는 책이지 우리 아이가 좋아하는 책은 아니거든요. 그 아이들이 좋아하는 책이라도 우리 아이는 재미없어 할 수 있고, 그 아이들이 재미없어 하는 책이라도 우리 아이는 너무 좋아해서 푹 빠져들 수 있어요.

　제 아들은 4~5세 무렵에 『알파벳의 모험』이라는 전혀 유명하지 않은 책을 아주 많이 좋아했어요. 제가 어린이책 출판사 편집부에서 일하다 보니 우연히 손에 넣었던 책인데, 얼마 안 가 너무 안 팔려서 절판이 될 정도로 반응이 없었던 책이에요. 그런데 제 아들은 그 책을 매우 좋아해서 매일같이 읽어 달라고 졸랐어요.

　이 책은 소문자 'i'가 위에 있어야 하는 점을 잃어버리는 바람에 다른 알파벳들이 함께 점을 찾아 주면서 일어나는 소동을 담고 있어요. 매일같이 읽는데도 불구하고 아들은 매번 똑같은 장면에서 똑같은 질문을 하고, 결과를 뻔히 아는 사건임에도 손에 땀을 쥐고 긴장하며 알파벳들을 응원했어요.

　그러더니만 5세 때 알파벳을 혼자 읽고 그리기 시작하더라고요. 한번도 알파벳을 따로 가르쳐 준 적이 없는데, 책을 읽으며 이 모양을 하고 있는 것의 이름은 '에이'이고 저 모양을 하고 있는 것의 이름은 '비'라는 사실을 스스로 터득했습니다. 매일같이 똑같은 책을 읽어 줄 때는 지겨운 마음이 없지 않았는데, 혼자 알파벳을 술술 읽고 그리니 공짜로 영어 공부를 시킨 것 같아 참 흐뭇했습니다. 또 진짜 재미있는 책, 진짜 좋아하는 책을 읽을 때 아이들은 이만큼의 집중력과 인지력을 발휘한다는 사실을 깨닫는 계기도 됐어요.

강연을 할 때마다 아이에게 좋은 책을 추천해 달라는 요청을 정말 많이 받아요. 그러면 저는 "아이에게 가장 좋은 책은 아이가 좋아하는 책이에요. 그러니까 아이에게 좋은 책은 어머님이 제일 잘 아실 거예요. 아이의 독서력과 관심사에 맞춰 직접 고르시는 게 가장 좋습니다."라고 대답합니다.

추천 도서나 수상 도서를 읽어야 한다는 부담감에서도 벗어나면 좋겠습니다. 추천 도서나 수상 도서 중에는 정말 좋은 책들이 많이 있습니다. 하지만 '좋은' 책이 꼭 '재미있는' 책은 아니에요. 해외 수상 도서 중에는 우리나라 정서와 잘 맞지 않는 책들도 많아요. 책을 좋아하는 아이로 키우기 위해서는 처음부터 책에 대해 긍정적인 인식을 갖는 것이 아주 중요하기 때문에 '좋은' 책보다는 '아이가 좋아할 만한 재미있는 책'으로 책 육아를 하는 것이 보다 효율적이에요.

진짜 독서와 가짜 독서가
문해력의 차이를 만든다

●

저는 얼마나 많은 책을 읽었는지에 집착하는 독서를 '가짜 독서'라고 부릅니다. 권수에 집착하다 보면 글자만 쭉 읽고 넘어가는 경우가 많아요. 글자를 읽는 것과 책을 읽는 것은 전혀 다른 차원의 문제입니다. 아무리 많은 책을 읽으면 뭐해요. 그 내용을 이해하지 못하면 정말 시간 낭비, 에너지 낭비일 뿐이에요. 독서는 책의 내용(어휘 포함)을 충분히 이해하고 그것을 기억 안에 저장해 놓았다가, 필요할 때 꺼내 쓸 수 있는 데까지 이어져야 합니다. 그것이 바로 '진짜 독서'예요.

하지만 우리나라 책 육아 문화는 여전히 다독, 그러니까 많은 책을 읽히는 것에 초점을 맞추고 있습니다. 저는 개인적으로 '전집'은 권수에 집착하는 우리나라의 책 육아 문화가 만들어 낸 산물이라고 생각합니다. 큰돈 들여 집에 전집을 멋들어지게 전시해 놓고는 영유아기 때부터 하나라도 놓치지 않고 다 읽어 주기 위해 안간힘을 쓰는 경우가 참 많지요. 그런데 아이들이 그 많은 책을 다 제대로 소화할 수 있을까요? 자신이 읽어야 할 수백 권의 책들이 나란히 꽂혀 있는 책장을 보면서 책에 대한 긍정적인 생각을 가질 수 있을까요?

그것이 얼마나 의미 없는 일인지를 저는 경험을 통해 수도 없이 확인했습니다. 요즘 집집마다 과학 전집이 없는 집이 없어요. 그 책들을 다 읽었다면 과학 지식이 풍부해야 맞겠지요. 그런데 초등학교 4학년,

5학년 아이들도 광합성, 생태계 같은 가장 기본적인 과학 용어에 대해 금시초문이라는 반응을 합니다. 위인 전집 또한 없는 집이 없을 텐데, 아인슈타인이 무슨 일을 한 사람인지 갈릴레오가 어떤 사람인지 전혀 설명하지 못해요.

어렸을 때 읽었으니 잊어버렸을 수도 있겠다고요? 그렇다면 굳이 어렸을 때부터 읽어 줄 필요가 없었겠지요. 당장 필요할 때, 그리고 그 내용을 충분히 이해할 수 있을 때 읽었으면 이해도 더 빠르고 기억 속에 저장하기에도 더 수월했을 테니까요. 가짜 독서의 함정은 바로 거기에 있습니다. 많이 읽는 것처럼 보이지만 실제로는 아무것도 읽고 있지 않아요. '어렸을 때 책을 많이 읽었는데 왜 우리 아이는 문해력이 좋지 않을까?'라는 의문이 든다면 그것은 여지없이 가짜 독서를 했기 때문입니다.

가짜 독서는 문해력을 발달시키지 못할 뿐만 아니라, 습관으로 자리 잡으면 초등학교 저학년 이후에는 교정하기 어렵습니다. 또 권수를 강요당하면서 독서를 한 경우에는 독서를 과제처럼 생각해 마냥 지긋지긋해합니다. 억지로 시키면 그것이 무엇이든지 간에 괜히 싫어지고 거부하고 싶어지잖아요.

그러니까 많이 읽기를 강요하지 마세요. 오히려 책으로부터 멀어지는 부작용을 일으키고 말아요. 한 권이라도 수준과 흥미에 맞는 책을 골라 충분히 느끼고 제대로 이해하는 진짜 독서를 해야 합니다.

하루 30분, 엄마와 함께하는
독서로 문해력 키우기

★

엄마표 문해력 수업에서 놓치지 말아야 할 것

문해력을 키우는 진짜 독서는
질문에서 시작된다

●

이제 문해력이 아이들에게 얼마나 큰 영향을 미치는지, 또 어렸을 때부터 다져 나가는 것이 왜 중요한지 잘 아셨을 거예요. 그렇다면 어떻게 해야 문해력을 발달시킬 수 있는지 구체적인 방법을 알아볼 차례입니다.

아이들의 문해력 발달에 있어 가장 좋은 도구는 뭐니 뭐니 해도 책입니다. 책은 글로 이루어져 있잖아요. 그래서 글을 이해하고 추론하려는 노력이 반드시 뒷받침되어야 해요. 그 자체가 완벽한 문해력 훈

런인 셈이지요. 하지만 독서 습관을 잘못 들이면 글을 읽으면서 이해하고 추론하는 과정을 거치지 않고 그냥 글자만 읽게 됩니다. 독서 습관을 더 잘못 들인 경우에는 글자조차도 대충 훑어보고 책장을 넘기는 데만 급급합니다. 이것은 읽어도 읽는 게 아니에요. 당연히 문해력은 기대도 할 수 없고요.

아이들이 한글을 읽게 되면 그동안 육아에 지쳤던 엄마들은 아이가 혼자서 책을 읽기를 은근히 기대하지요. 책은 꼭 읽어야 하는데, 그것을 아이가 혼자 스스로 한다면 일단 몸과 마음이 편해지니 아주 반길 만한 일이지요. 또 아직 어린아이가 혼자 책을 줄줄 읽어 나가면 얼마나 기특하고 흐뭇해요.

하지만 이 순간이 가장 위험할 수 있어요. 아이가 글자를 잘 읽었으니까 내용도 잘 이해했을 것이라고 착각하기 쉽거든요. 적어도 아이가 책의 내용을 이해하고 해석할 수 있는 나이가 될 때까지는 엄마가 읽어 줄 필요가 있습니다. 엄마가 언제까지 책을 읽어 줘야 하는지에 대해서는 의견이 분분해요. 9세까지는 귀로 듣고 이해하는 것이 눈으로 보고 이해하는 속도보다 더 빠르기 때문에 적어도 그때까지는 엄마가 읽어 줘야 한다는 의견도 있고, 스스로 생각하기 시작하는 나이가 11세 무렵이기 때문에 그때까지는 엄마가 읽어 줘야 한다는 의견도 있어요.

제 경험으로는 9세까지는 확실히 엄마가 읽어 주는 게 내용을 파악하고 독서의 즐거움을 만끽하는 부분에서 더 효과적으로 보였습니다. 현실적으로 11세까지는 좀 무리라고 느껴지고요. 일단 11세 아이가 읽는 책은 쪽수나 글 양이 만만치 않기 때문에 엄마가 읽어 주기 힘들고 지칠 것 같아요. 아이에게는 어떨지 몰라도 엄마에게는 너무 피곤한 일일 테니 9세까지를 목표로 삼는 게 좋을 듯합니다.

하지만 9세가 지나 10세가 됐다고 갑자기 책을 혼자 읽으라고 할수는 없잖아요. 그러므로 8세부터는 서서히 아이의 독서 독립을 도와야 한다고 생각해요. 아이가 소리 내어 읽는 것을 옆에서 들으면서 적절한 질문을 건네며 상호 작용을 하면 됩니다. 이런 과정을 통해 아이가 책을 제대로 읽을 수 있도록 도움을 줄 수 있을 뿐만 아니라, 독서가 여전히 엄마와 함께하는 즐겁고 소중한 시간임을 느끼게 해 줄 수 있어요. 또한 이런 과정을 통해 자연스럽게 문해력의 일부분인 읽기 유창성과 독해력을 키워 나갈 수 있습니다.

적절한 질문이라고 하면 책의 내용을 정확하게 파악할 수 있게 하는 사실적 질문과, 책의 내용을 통해 더 많은 것을 추론할 수 있게 하는 확장적 질문이 잘 어우러져 있는 형태를 말합니다. 2~5장은 아이와 함께 책을 읽을 때 아이에게 건네면 좋을 만한 사실적 질문들과 확장적 질문들로 가득 채워져 있습니다.

강연이나 상담을 하다가 아이와 책을 읽으면서 어떤 활동을 하면 좋을지에 대한 질문을 참 많이 받습니다. 그때마다 저는 이런저런 구체적인 방법들을 많이 풀어놓지요. 막상 설명을 들을 때에는 고개를 끄덕거리며 할 수 있을 것 같다가도 집에 가서 아이에게 적용하려면 무엇을 어디에서부터 해야 할지 막막하다는 부모님이 많아요. 그런 부모님들이 막막할 때마다 펴 보고 바로 적용할 수 있도록 도울 수 있는 책이 있으면 좋겠다 싶어 이 책을 쓰게 되었습니다. 어떤 책을 가지고 어떤 대화를 나누면 아이의 문해력을 차곡차곡 쌓아 올릴 수 있는지 구체적으로 알려 드리려구요.

혹시나 이 책에서 제안하고 있는 40권의 책만으로도 충분할까, 40권 이외에 더 많은 책을 소개해 줬으면 좋겠다 싶은 아쉬움은 접어 두셔도 됩니다. 40권의 책을 가지고 아이와 이야기를 나누다 보면, 어떻게 해야 독서의 즐거움을 깨우쳐 주고 문해력을 키워 줄 수 있을지 부모님 스스로 감을 잡을 테니까요. 아이와 함께 40권의 책을 다 읽으면 부모들은 이미 아이를 위한 최고의 문해력 멘토가 되어 있을 것입니다.

우리 아이 문해력을 키워 주는
최고의 멘토는 바로 엄마!

•

제가 이 책에서 제안하는 질문의 내용이 완전무결한 것은 아닙니다. 더 좋은 것, 더 필요한 것이 당연히 있을 거예요. 제가 제안하는 방식으로 진행해도 좋지만, 제가 제안하는 내용들을 참고해서 응용해도 좋습니다. 아이가 더 큰 호기심을 가질 만한 질문들을 추가하거나 아이의 사고력을 좀 더 넓힐 수 있는 질문들로 교체하는 식으로요. 저

는 늘 아이의 문해력 향상에 가장 최적화된 멘토는 엄마라고 이야기
하는데요. 바로 우리 아이만을 위한 개별화 수업이 가능하기 때문입
니다.

하지만 제가 그동안 일선에서 만난 많은 엄마는 아이의 읽기, 쓰기
를 직접 코칭하는 것에 큰 어려움을 느끼고 있었어요. 그것의 필요성
은 절감하지만, 엄마들이 스스로 그것을 알려 주고 고쳐 줘도 되는 건
지 걱정하시는 것 같아요. 그래서 기관이나 학습지 교사의 도움을 받
는 쪽을 선택하기도 하고요. 그것은 가장 손쉬운 방법일지는 몰라도
가장 효율적인 방법은 아니에요.

일단 지도하는 사람의 자질이나 경력이 어떠한지에 따라 수업의 질
에 차이가 큽니다. 또 문해력은 수학 공식이나 영어 문법을 배우는 것
처럼 지식을 전달하는 수업이 아니라 매우 주관적이고 변수가 많은
수업이기 때문에 그에 대처할 수 있는 매우 능숙하고 노련한 교사의
지도가 필요해요. 이런 교사를 만날 수 있다면 아주 다행스러운 일이
에요.

하지만 노련한 교사를 만났다고 해도 만사형통의 길을 걷게 되는 것
은 아닙니다. 제 경우 어린이 책 출판사 편집부에서 오랫동안 어린이
책을 기획했고, 다수의 자녀교육서를 집필하면서 아이들의 발달 과정
도 잘 이해하는 편이에요. 게다가 아이들에게 독서 토론 및 논술을 오
랫동안 코칭해 왔기 때문에 나름대로 노련한 축에 속한다고 생각하고
있었어요.

그런데 아이들과 함께 수업을 하다 보면 늘 아쉬운 점이 있습니다. 아이들의 자유로운 발상을 충분히 존중해 주고 싶어도 그룹으로 이루어지는 수업에서는 제한이 있을 수밖에 없어요. 일단 정해진 진도를 나가야 하고, 또 한 아이의 이야기만 계속 들어 줄 수 없기 때문에 어느 정도 선에서 넘어가야 할 때가 많거든요.

하지만 그것보다 훨씬 더 심각한 문제가 있어요. 그룹으로 이루어지는 수업은 어쩔 수 없이 수업에 잘 따라오는 아이들 중심으로 전개되기 때문에 수업에 잘 따라오지 못하는 아이는 그대로 낙오될 수도 있습니다. 공교육은 더욱더 심하고, 사교육에서도 그런 부분은 불가피해요. 이번 수업에서 이러저러한 것들을 소화해 내야 하는데, 한 아이가 그것을 소화할 만한 준비가 아직 덜 되었다고 해서 그 아이만을 위해 수업 내용을 조정할 수는 없잖아요.

어려움을 겪는 아이일수록, 흥미를 못 느끼는 아이일수록 개별화 수업이 필요합니다. 엄마와 아이 둘이 함께하는 1 대 1 맞춤식 개별화 수업은 이런 제한에서 자유로울 수 있겠지요. 또한 아이가 어려움을 겪지 않더라도 엄마와 책을 읽고 서로의 생각을 나누는 활동은 아주 좋은 상호 작용이기 때문에 문해력뿐 아니라 정서 발달에도 매우 이롭습니다. 문해력 수업은 엄마표가 최고일 수밖에 없지요.

앞에서 인간의 언어 능력은 듣기, 말하기, 읽기, 쓰기의 순서로 발달한다고 했잖아요. 적어도 듣기, 말하기, 읽기 단계까지는 엄마와 함께 책을 읽고 생각을 나누는 것이 가장 최고의 문해력 수업이 될 거예요.

하지만 쓰기 단계는 좀 다를 수 있어요. 쓰기는 어른들조차도 어려워하거나 능숙하지 않은 경우가 많으니까요. 만약 쓰기에 자신이 없다면, 혹은 아이에게 쓰기를 지도해 주는 것이 너무 부담스럽다면 그것은 전문가나 전문 기관에 맡겨도 됩니다.

그래도 아무 걱정 마세요. 엄마와 함께 책을 읽으면서 내용을 정확하게 이해하고 자신의 생각을 조리 있게 말로 표현해 본 아이들은 요령만 터득하면 쓰기도 잘할 수밖에 없습니다. 생각을 말로 표현하는 것과 생각을 글로 표현하는 것은 다를 게 없으니까요.

엄마표 문해력 수업에서
주의해야 할 점은?

•

아이가 읽은 권수에만 집착하는 가짜 책 육아 말고 아이의 문해력을 키워 주는 진짜 책 육아를 하기 위해서는 몇 가지 주의를 기울여야 할 점이 있습니다. 첫 번째는 많은 것을 가르쳐 주려는 욕심보다는 흥미를 돋우는 시간을 만드는 것에 목표를 두어야 합니다. 어차피 독서는 당장 눈에 띄는 효과가 나타나는 활동이 아닙니다. 차곡차곡 쌓아가면서 서서히 완성시켜 나가는 활동이에요. 당연히 꾸준함이 답입니다. 많은 것을 빨리 집어넣어 주려는 조급함에서 벗어나 충분히 만끽하고 이해할 수 있도록 시간을 주면서 흥미를 키워 주세요.

두 번째는 첫 술에 배부를 수 없다는 사실을 엄마가 단단히 각오하고 있어야 해요. 잘 읽고 잘 쓰려면 우리 뇌에 그것이 가능한 시스템이 만들어져야 해요. 그것은 수없이 많은 연습과 훈련을 통해 완성돼요. 엄마표 문해력 수업은 바로 그 시스템을 만들기 위한 과정입니다. 처음에는 너무 뻔한 단답형 대답이나 본질에서 벗어난 엉뚱한 대답으로 엄마의 혈압을 올릴지도 몰라요. 하지만 그것은 당연한 과정입니다. 아이가 생각을 말이나 글로 표현하는 연습을 거듭하면서 요령이 생기고 자신감도 붙으면, 점점 더 멋진 생각들을 꺼내 보여 줘서 오히려 엄마를 깜짝 놀라게 하는 경우가 생길 거예요.

세 번째는 매일 꾸준히 해야 한다는 의무감에서 벗어나도 좋다는 말씀을 드리고 싶어요. 반드시 매일매일 실천해야 하는 것은 아닙니다. 일주일에 한 번만으로도 충분히 의미가 있습니다. 물론 더 자주 할 수 있다면 더 좋겠지요. 하지만 횟수에 집착하여 엄마도 지치고 아이도 흥미를 잃는다면 수업의 질이 낮아질 수밖에 없어요. 독서는 무조건 양보다 질입니다. 지치지 않고 편안한 마음으로 즐길 수 있는 선에서 횟수를 정하면 됩니다.

마지막으로 이 책을 활용하여 문해력 수업을 할 때 참고할 부분에 대해 이야기할게요. 책은 엄마와 아이가 함께 읽어야 합니다. 책을 읽는 순간부터 아이와 충분히 교감하면서 기대감을 높일 수 있을 뿐만 아니라, 아이가 소리 내어 읽는 것을 들으면서 읽기 유창성도 확인해 볼 수 있어요. 앞에서 언급한 것처럼 적어도 9세까지는 엄마와 아이가 함께 책을 읽어야 한다고 생각해요.

　엄마가 읽어 줘도 좋고, 아이가 읽는 것을 엄마가 들어 줘도 좋습니다. 이번에는 엄마가 읽어 주고 다음번에는 아이가 읽는 형식도 좋습니다. 또 한 쪽씩 번갈아 읽기도 추천합니다. 함께 책을 읽을 때는 시간이 오래 걸려도 되니까 아이가 책의 내용을 충분히 이해하고 만끽할 수 있도록 천천히 기다려 주세요. 어린아이일수록 글보다는 그림을 더 집중해서 보는데, 그림의 내용과 글의 내용을 잘 결합해서 책의 내용을 정확하게 파악하려면 시간이 필요할 수 있어요. 아이와 함께 하는 독서의 모든 과정은 아이 중심으로 이루어져야 합니다.

　자, 이제 아이와 함께 엄마표 문해력 수업을 시작할 준비가 되셨나요? 하루 30분, 엄마와 함께 책을 읽는 시간을 통해 아이의 지식과 지혜가 쑥쑥 성장해 나가기를 기대합니다.

아이에게 느낀 점을 물었을 때 그냥 "좋아요.", "재미있어요.", "슬펐어요."라
고만 대답한다고 답답함을 토로하는 엄마가 많은데, 이것은 아이가 정말로
자신의 느낌이나 감정을 어떻게 표현해야 하는지 몰라서 그러는 거예요.
2장에서는 마음속 느낌이나 감정을 구체적으로 정리하여 표현하는 연습을
해 볼 거예요. 느낌이나 감정을 구체적으로 표현하는 활동은 문해력뿐만 아니
라 감성 발달에도 큰 도움이 됩니다.

02 *

엄마랑 책 읽고 문해력 수업 · 1

감수성 높은
마음 부자로 자라요!

나답게 살아가기

슈퍼 거북

유설화 지음 | 책읽는곰

토끼와의 달리기 경주에서 우연히 승리를 거둔 꾸물이는 유명한 스타가 되었어요. 다들 토끼보다 빠른 슈퍼 거북의 탄생에 환호를 보냈지요. 하지만 토끼를 이길 만큼 꾸물이가 빠르지 않다는 사실을 눈치챈 동물들이 수군거리기 시작했고, 꾸물이는 다른 동물들을 실망시키지 않기 위해 더 빨라지려고 안간힘을 쓰기 시작합니다.

열심히 훈련을 했더니 꾸물이는 진짜 빠른 슈퍼 거북이 되었어요. 그런데 그런 삶이 행복할 리 있을까요? 송충이는 솔잎을 먹어야 행복하잖아요. 꾸물이는 너무 지쳐 버려서 천 년은 늙은 느낌이 들 정도였지요.

게다가 토끼가 다시 달리기 경주를 하자고 도전장을 내미는 바람에 꾸물이의 부담감과 피로감은 더 커졌습니다. 결국 달리기 경주가 벌어지던 날 꾸물이는 경주 도중 잠이 들어 버렸고, 승리는 토끼에게로 돌아갔습니다. 그리고 집으로 돌아간 꾸물이는 단잠에 빠졌습니다.

이 책의 이야기는 면지에서부터 시작됩니다. 면지에는 꾸물이가 토끼와의 달리기 경주에서 승리를 차지한 사정이 잘 나와 있어요. 우리가 잘 알고 있는 그 사정이요. 그림이 아주 귀여운 데다가 상황을 재치 있게 표현하고 있어 아이와 그림을 하나하나 짚어 보며 이야기를 나누는 재미가 쏠쏠할 거예요.

이후에도 감정적으로 큰 변화를 겪는 꾸물이의 표정이 그림에 아주 잘 나타나 있어요. 꾸물이가 등장할 때 꾸물이 표정을 보면서 지금 꾸물이가 어떤 기분일지, 어떤 마음가짐일지에 대해 이야기 나누는 것도 재미있을 것 같습니다.

이 책의 그림을 잘 살펴보면 너구리 한 마리가 계속 '느림보 거북'이라는 팻말을 들고 곳곳에 등장해요. 이른바 꾸물이의 안티팬인가 봐요. 아이와 함께 이 너구리가 꾸물이의 안티팬이 된 사연을 추측하여 이야기 나눠 보는 것도 확장적 사고를 도울 수 있는 좋은 소재입니다.

그림과 관련해서는 특히 맨 마지막 장의 꾸물이가 단잠에 빠진 장면에 대해 깊이 있게 이야기를 나누어 보면 아주 좋을 것 같습니다. 그렇게 열심히 훈련을 해서 엄청 빠른 거북이 되었지만, 피로가 쌓이는 바람에 경주를 하다가 그만 잠이 들어 토끼한테 패배를 당하거든요. 매우 어처구니없고 속상한 상황일 텐데 집으로 돌아가 잠이 든 꾸물이는 행복한 미소를 짓고 있어요.

이 장면을 보면서 아이와 함께 꾸물이가 어떤 생각을 하면서 잠이 들었을지, 어떤 꿈을 꾸고 있을지 이야기 나누어 보세요. 알 수 없는 미소를 지으며 잠든 꾸물이에게 들려주고 싶은 이야기를 직접 해 주어도 좋습니다.

이 책은 '나답게 살아가기'의 소중함에 대해 이야기하고 있습니다. 사람은 누구나 내가 좋아하는 것, 나에게 적절한 것, 내가 원하는 것을 하면서 살 때 편안함과 행복함을 느낍니다. 하지만 현실에서는 다른 사람의 시선을 의식해서, 또는 나에게 주어진 기대치에 부응하기 위해 진짜 나를 감추고 가짜 나로 살아가는 경우가 많습니다. 슈퍼 거북이라고 생각하는 동물 친구들을 실망시키지 않기 위해 진짜 슈퍼 거북이 되기로 결심한 꾸물이처럼요.

아이와 함께 동물 친구들을 실망시키지 않기 위해 진짜 슈퍼 거북이 되기로 결심한 꾸물이의 선택에 대해 어떻게 생각하는지 이야기 나누어 보세요. 또 내가 그런 상황에 처했다면 어떤 선택을 했을지에 대해서도 이야기 나누어 보세요. 아이의 의견을 들어 보고, 엄마의 의견도 이야기해 보세요. 책을 읽고 이야기를 나누는 과정은 누가 일방적으로 질문하고 누가 일방적으로 대답하는 형식이 아니라 동등한 위치에서 대화를 주고받는 형태가 되어야 합니다.

이 책의 표지에는 (본문에도 같은 그림이 있습니다) 꾸물이가 '빠르게 살자'라는 문구가 쓰여 있는 머리띠를 질끈 매고 있는 그림이 등장해요. 마지막으로 표지를 보면서 꾸물이가 꾸물이 답게 살기 위해서는 머리띠의 문구를 어떻게 바꾸는 게 좋을지 이야기 나누면서 마무리 지으면 어떨까 싶어요.

문해력을 키우는 추론 활동

아이와 함께 '나답게' 살아가는 것이 무엇일지 이야기를 나누어 보세요. 나답게 살아가면 좋은 점, 나답게 살아가지 않으면 힘든 점에 대해 자유롭게 이야기하면 됩니다. 또한 '나답게' 살아가기 위해 나의 장점을 찾아보는 시간을 가져도 좋아요. 공부를 잘하고 운동을 잘하고⋯⋯, 이런 것에서만 초점을 맞추지 말고 잘 웃는 것, 반려동물에게 친절한 것, 개그를 잘하는 것 등 아이의 개성이 잘 드러날 수 있는 것을 찾아보면 좋겠습니다.

보통 장점을 찾은 다음에는 단점을 찾아보는 것으로까지 이어지는데, 저는 장점까지만 찾아보면 좋겠습니다. 아직 어린아이니까 긍정적인 자아상을 갖고 있으면 좋잖아요. 수업을 해 보면 의외로 아이들이 자신의 단점은 쉽게, 그리고 많이 찾는 데 반해 자신의 장점은 찾기를 더 어려워해요. 그래서 이 기회에 아이가 생각하는 자신의 장점, 그리고 엄마가 생각하는 아이의 장점을 찾아보면서 아이에게 긍정적인 자아상을 심어 주었으면 합니다.

문해력을 다지는 글쓰기 활동

앞에서 이야기 나눈 아이의 장점을 직접 글로 써 봅니다. 아이가 생각하는 자신의 장점, 엄마가 생각하는 아이의 장점을 각자 써 보는 거예요. 입장을 바꾸어 엄마가 생각하는 자신의 장점, 아이가 생각하는 엄마의 장점을 쭉 써 보는 것도 즐거운 쓰기 활동이 될 수 있어요.

아직 한글을 쓰지 못하는 유아라면 앞에서 이야기로 나누는 것까지만 해도 됩니다. 주제에 맞춰 말하기 연습을 많이 하면, 글자를 읽고 쓸 무렵이 되었을 때 어렵지 않게 글쓰기를 해 나갈 수 있어요.

약속의 중요성 깨닫기

감자는 약속을 지켰을까?

백미숙 글 | 노영주 그림 | 느림보

이 책에는 정말 유쾌한 이야기가 등장합니다. 생쥐 가족이 감자를 먹으려고 하는데, 감자가 자신을 땅에 묻어 주면 더 많은 감자를 먹게 해 주겠다며 거래를 하자네요. 생쥐 가족은 고민을 좀 하다가 결국 응합니다. 그런데 아무리 기다려도 감자가 열리지 않아요. 화가 난 생쥐 가족이 감자에게 따지려고 땅을 팠더니 글쎄 땅속에 감자가 잔뜩 열려 있는 거예요. 그제야 생쥐 가족은 감자가 약속을 지켰다는 사실을 알고 기뻐합니다.

아이와 이 책을 읽으면서 가장 먼저 짚어 보면 좋을 부분은 뿌리채소의 특징입니다. 뿌리채소는 뿌리를 먹을 수 있는 채소들을 말하지요. 이 책에 등장하는 감자뿐만 아니라 고구마, 당근, 마늘, 인삼, 무, 연근 같은 것이 뿌리채소에 속해요. 생쥐 가족이 감자가 약속을 안 지켰다고 투덜거리는 장면에서 아이에게 "감자가 정말 약속을 안 지켰을까?"라고 질문하면서 아이가 자신의 생각을 이야기할 수 있는 기회를 마련해 주세요. 아이가 자신의 생각을 이야기하면 "과연 그럴까? 감자가 약속을 지키면 좋을 텐데."라고 맞장구치면서 아이의 기대감을 높여 주면 더욱 좋아요.

그러고 나서 땅을 파헤친 생쥐 가족이 감자가 약속을 지켰다는 사실을 깨닫는 순간 엄마는 "아! 생쥐 가족이 뿌리채소의 특징을 잘 몰랐구나."라고 이야기하면서 뿌리채소의 특징에 대해 설명해 주면 됩니다. 이때 뿌리채소의 종류는 미리 이야기해 주지 말고, "그럼 뿌리채소는 어떤 것들이 있을까?"라는 질문을 통해 아이가 스스로 떠올려 볼 수 있도록 하는 것이 우선입니다. 이런 질문들은 확장적 사고를 할 수 있게 해 줘서 아이의 사고력을 발달시킬 수 있어요.

감자가 약속을 지켰다는 사실을 알게 된 생쥐 가족은 기쁨의 시간을 만끽해요. 이 책에서 가장 중요한 부분이지요.『감자는 약속을 지켰을까?』는 약속의 의미, 약속의 중요성에 대해 이야기 나눌 수 있는 아주 좋은 책이에요. 특히 감자가 약속을 지켰다는 사실에 기뻐하는 장면에서는 이런 질문을 던져 볼 수 있습니다.

"만약 생쥐 가족이 땅을 파 보지 않아 감자가 약속을 지켰다는 사실을 몰랐으면 어떤 일이 벌어졌을까?"

아이가 다소 엉뚱하고 과장된 대답을 하더라도 전부 다 수용해 주세요. 예를 들어 아이가 "생쥐 가족들이 감자들에게 전쟁을 선포하고 호미를 들고 가서 감자밭을 다 망가뜨려 버릴 것 같아요." 정도의 과장된 대답을 할 수도 있습니다. 대답이 마음에 들지 않는다고 "그건 너무 한 거 아니야? 감자를 미워할 수는 있겠지만 전쟁까지는 너무 오버인 것 같아."라고 지적을 하면 안 됩니다. 아이의 생각이 틀 안에 갇혀 버리고 말아요.

토론과 논술에는 답이 없습니다. 자신의 생각을 이야기하고 쓰는 것이지요. 자신의 생각을 표현할 때 자꾸만 지적을 당하거나 수정을 요구받으면 자신의 생각을 표현하는 데 자신감이 없어져요. 아이들은 어른들이 생각하는 것보다 훨씬 더 기발하고 신선한 생각을 많이 하는데, 이것들을 자유롭게 표현할 수 있어야 생각의 그릇을 더욱 키워 나갈 수 있어요.

이 책을 통해 '열린 결말'의 특징에 대해서도 알려 줄 수 있어요. 이 책의 마지막은 이렇게 끝납니다.

바로 그때예요. 감자들이 다 같이 소곤거렸어요.

"날 땅에 묻어 주면 감자를 아주 많이 먹게 해 줄게요."

생쥐들은 감자를 먹었을까요?

열린 결말로 끝난 것이지요. 열린 결말은 작가가 이야기를 마무리 짓지 않고 독자들이 결말을 마음껏 상상할 수 있도록 만들어 놓은 형식이에요. 아이에게 열린 결말의 특징에 대해 알려 주면서 과연 생쥐들은 감자를 먹었을지 안 먹었을지에 대해 이야기를 나누어 보세요. 먹었을지 안 먹었을지를 이야기하는 것이 중요한 게 아니라 왜 그렇게 생각하는지 그 이유를 이야기하는 것이 중요해요. 역시나 아이에게서 기발한 대답이 나올 겁니다.

 문해력을 키우는 추론 활동

약속은 분명히 지켜져야 하는데, 상대방이 약속을 안 지키면 너무 실망스럽고 화가 나잖아요. 아이와 상대방이 약속을 지키지 않아 속상했던 경험에 대해 이야기 나누어 보세요. 엄마와의 약속도 좋고, 아빠나 형제자매, 친구와의 약속 모두 좋습니다. 혹여나 아이가 그런 적 없는 것 같다고, 생각이 안 난다고 한다면 엄마가 힌트를 좀 주세요. 예를 들어 "지난번에 친구 ○○가 놀이터에서 놀기로 약속했는데 안 나온 적 있었잖아." 혹은 "지난 주말에 아빠가 같이 자전거 타고 공원에 가기로 해놓고 피곤하다고 안 갔었잖아."

라고 힌트를 주고는 그때 기분이 어땠었는지 물어봐 주세요.

그 다음에는 반대로 아이가 상대방과의 약속을 지키지 않았던 경험이 있었는지 찾아보는 겁니다. 이때 상대방도 같은 기분이 었을 것이라고 알려 주면서 아이가 공감 능력을 키워 나갈 시간을 마련해 주세요.

문해력을 다지는 글쓰기 활동

이 책을 읽고 특별히 재미있었던 단어나 호기심이 느껴졌던 단어, 몰랐던 단어를 골라 '짧은 글 짓기'에 도전해 보세요. '소곤거리다'를 골랐다면 '동생이 엄마에게 소곤거리면 내가 잘못한 것을 고자질하는 것 같아 불안하다.'라는 식으로 그 단어가 포함된 한 문장을 완성하면 됩니다.

아직 한글을 쓰지 못하는 유아라면 짧은 글 짓기를 그냥 말로만 표현하는 활동을 하면 됩니다.

입장 바꿔 생각하기

늘대가 들려주는 아기 돼지 삼형제 이야기

존 셰스카 글 | 레인 스미스 그림 | 보림

우리가 흔히 알고 있는 아기 돼지 삼형제 이야기는 착하고 순진한 아기 돼지들이 못되고 포악한 늘대에 맞서 목숨을 지키기 위해 고군분투하는 내용이에요. 그런데 이 책은 완전히 다릅니다. 늘대의 입장에서 쓰였거든요. 할머니를 너무나도 사랑하는 늘대 알렉산더 울프가 할머니 생일 케이크를 만들기 위해 설탕을 얻으러 다니면서 본의 아니게 아기 돼지와 얽히게 되는 사연이 담겨 있답니다.

원래 우리가 알고 있던 아기 돼지 삼형제 이야기와 이 책을 통해 새롭게 알게 된 아기 돼지 삼형제 이야기의 줄거리를 비교해 보는 것으로 시작하면 좋습니다. 아이가 기존의 아기 돼지 삼형제 이야기를 읽지 못했다면 반드시 그것부터 먼저 읽은 다음 이 책의 읽어야 해요. 그래야 이 책의 의미를 제대로 전달할 수 있어요.

우선 기존의 아기 돼지 삼형제 줄거리를 되짚어 본 다음 이 책의 줄거리를 정리해 봅니다. 이때 아이가 얼마나 정확하게 알고 있는지 확인하듯이 "줄거리 이야기해 봐."라고 제안하지 마시고 "첫째 돼지는 집을 어떻게 지었지?", "늑대가 막내 돼지 집 굴뚝으로 들어오려고 할 때 어떤 일이 벌어졌지?"라고 중요한 사건 중심으로 시간의 흐름에 맞게 질문하면서 아이가 이야기를 정확하게 떠올릴 수 있도록 도와줍니다. 절대로 아이가 잘 읽었는지를 평가하는 과정이 아닙니다. 아이가 책의 내용을 떠올릴 수 있게 하는 과정임을 꼭 기억하고 그에 맞는 질문을 하면서 "아, 그래. 그랬었지?", "맞아. 막내 돼지네 집은 튼튼한 벽돌로 지어졌어."라고 호응해 주면 됩니다.

그러고 나서 이 책을 통해 새롭게 알게 된 아기 돼지 삼형제 이야기도 똑같은 방식으로 내용을 한 번 정리해 주세요. 여기까지 하면 아이가 우리가 알고 있던 아기 돼지 삼형제 이야기와 이 책에서 새롭게 알게 된 아기 돼지 삼형제 이야기의 차이점을 정확히 이해하게 됩니다.

이 책을 통해 아이에게 똑같은 일도 입장에 따라 서로 생각하는 것이 다를 수도 있다는 사실을 알려 줄 수 있어요. 할머니를 너무나도 사랑하는 착한 늑대가 재채기를 하는 바람에 본의 아니게 허술하게 지어진 아기 돼지의 집을 날려 버리는 일이 생길 수도 있잖아요. 그 바람에 그 집에 살고 있던 아기 돼지가 죽었는데, 잘 알다시피 늑대는 육식 동물이라 본능적으로 죽어 있는 아기 돼지를 먹을 수밖에 없었던 거예요. 늑대의 입장에서는 불가피한 선택이었죠.

이렇게 늑대의 입장도 한 번 이야기해 주고는 아이가 그 상황에 대해 어떻게 생각하는지, 늑대의 입장이 납득이 되는지 스스로 판단해서 의견을 말할 수 있는 기회를 주세요. 아이의 비판적 능력을 길러 주기 위해서는 엄마의 메시지가 어떤 한쪽으로 치우치지 않게 균형감을 잃지 말아야 해요. 예를 들어 "그래도 약한 돼지를 힘이 센 늑대가 괴롭히면 안 되지."라는 말로도 이미 아이에게 편견을 주입하고 말아요.

제 아이는 『팥죽할멈과 호랑이』라는 책을 읽고 나서 팥죽할멈이 너무 밉고 고약하다며 씩씩거리더라고요. 우리는 이 책을 해피엔딩이라고 생각하잖아요. 너무 의외여서 그 이유를 물어보니 배신자여서 그렇다네요. 호랑이가 잡아먹으려고 하자 할머니는 팥이 다 자라면 팥죽을 끓여 먹는 게 소원이니 그 다음에 잡아먹으러 오라고 호랑이를 설득하지요. 호랑이는 육식 동물인데도 불구하고 할머니의 소원을 들어주려고 그때까지 잠자코 기다렸고요.

약속된 날짜가 되어 잡아먹으려고 하는데, 할머니는 친구들에게 팥죽(아이 말로는 뇌물)을 먹이고는 호랑이를 결국 멍석에 말아 산 채로 물에 빠뜨려 죽이고 말아요. 약속을 지킨 호랑이의 최후가 너무 비참해서 속상해 죽겠다고 말하는 아들을 보며 제가 생각하지 못했던 부분을 지적한 아들의 비판적 사고력에 깜짝 놀랐어요. 규제를 두지 않고 방향을 제시하지 않으면, 아이들의 사고력은 오히려 어른들보다 훨씬 유연하고 기발한 것 같아요.

 ## 문해력을 키우는 추론 활동

입장을 바꿔 생각해 볼 수 있는 책이 상당히 많아요. 그중에서 대표라고 할 수 있는 『흥부전』에서 놀부의 입장, 『백설공주』에서 여왕의 입장을 생각하는 상황극을 시도해 보면 어떨까요? 엄마가 먼저 놀부 역할을 맡아 "내가 심술쟁이라고? 동생 흥부가 일할 생각도 안 하고 매일같이 형 집에 와서 돈 얻어 갈 생각만 하니 한심해서 그렇게 대할 수밖에 없었어. 그래야 흥부도 정신 차리고 스스로 열심히 일을 해서 가족들을 먹여 살리지. 그리고 키울 능력도 안 되면서 무턱대고 자식을 많이 낳는 것도 심각한 문제잖아. 아무튼 흥부는 정신을 좀 차려야 해."라고 이야기해 주세요. 그리고 아이가 놀부에게 해 주고 싶은 이야기를 하게 하면 됩니다.

　마찬가지로 백설공주를 괴롭히는 여왕 역할을 맡아 "사실 말이야. 나는 아주 심한 공주병 환자야. 백설공주가 태어나기 전까지는 내가 세상에서 제일 예뻤어. 그런데 나보다 더 예쁜 백설공주가 태어난 다음 나는 너무 스트레스를 받아 우울증에 걸리고 불면증에 시달려서 약을 먹지 않으면 못 견딜 정도가 되었지. 그래서 백설공주가 너무 미웠던 거야. 이제 내 마음 이해하겠니?"라고 말하고 나서 아이의 대답을 기다려 주세요. 재미있는 대답을 들려줄 거예요.

문해력을 다지는 글쓰기 활동

아이에게 "○○이는 어떤 집에서 살고 싶어?"라고 물어보면서 아이가 살고 싶은 집을 직접 그림으로 그려 볼 수 있도록 해 주세요. 그리고 그 집이 어떤 특징이 있는지 글로 써 보도록 합니다. 예를 들어 '이 집은 과자로 만들어진 집입니다. 내가 먹고 싶은 과자를 떼서 먹을 수도 있는데, 먹는 즉시 다시 과자가 생겨납니다. 계절마다 과자의 종류가 달라집니다. 봄에는 딸기 맛 과자, 여름에는 초콜릿 맛 과자, 가을에는 바닐라 맛 과자, 겨울에는 요거트 맛 과자로 바뀌어요.'처럼 다소 엉뚱하더라도 아이가 자유롭게 상상하여 그것을 표현할 수 있도록 해 주세요. 그림으로 그린 뒤 글로 표현하면 아이들이 더 흥미로워할 뿐만 아니라 글쓰기도 쉬워집니다.

아직 한글을 쓰지 못하는 유아라면 그림을 그린 다음, 그것을 말로 표현하는 데서 끝내면 됩니다. 언어 발달은 말하기 다음에 읽기, 쓰기로 이어진다고 했지요. 말로 정확하고 풍부하게 표현하는 것은 잘 읽고 잘 쓰기 위한 준비 운동이 됩니다.

사소한 갈등 해결하기

엄마를 화나게 하는 10가지 방법

실비 드 마튀이시왹스 글 | 세바스티앙 디올로장 그림 | 이정주 옮김 | 어린이작가정신

솔직히 엄마를 화나게 만들고 싶은 아이가 어디 있겠어요. 화가 난 엄마는 곧 자신을 혼낼 게 뻔한데요. 제목이 '엄마를 화나게 하는 10가지 방법'이지만, 이런 방법으로 엄마를 화나게 만들라고 권장하는 내용이 아니라, 이렇게 하면 엄마가 화날 수 있으니 주의를 기울이자는 내용입니다. 덧붙이는 글에 '엄마를 기쁘게 해 주고 싶다면 여기에 있는 정반대로 해 봐!'라는 문구에도 그 의도가 확실하게 숨어 있습니다.

이 책에 등장하는 상황 하나하나가 우리 모두에게 너무 친숙한지라

100% 공감이 갈 거예요. 무조건 어지르기, 온종일 비디오 게임하기, 불량 식품 입에 달고 살기, 서둘러야 할 때 꾸물대기, 못 들은 척하기, 괴상망측한 표정 짓고 못된 말만 골라하기, 늦게 자기, 어른들 이야기에 쓸데없이 끼어들기, 안 씻기, 곳곳에 너의 흔적 남기기 같은 것들은 정말 우리 엄마들을 가장 자주, 가장 크게 화나게 만드는 단골 메뉴들이지요.

이런 상황들을 재미있게 읽으면서 하나의 상황마다 그와 관련된 경험담을 떠올려 보세요. 예를 들어 '무조건 어지르기' 상황에서는 주인공처럼 방 정리를 안 하고 어지르기만 해서 엄마한테 잔소리 들었던 경험담을 공유하면 됩니다. '그러다가 방구석에서 곰팡이 슨 과자나 둘둘 말아 놓은 양말을 보시면 드디어 부르르 떠시겠지.'라는 부분을 읽을 때는 실제로 정리가 되지 않은 아이 방구석에서 발견했던 독특한 것들에 대해 이야기하면 참 재미있습니다. "지난주에 ○○의 방에서 말라비틀어진 사과껍질 나왔었는데.", "저번에 네 방구석에서 작년에 먹었던 아이스크림 봉지가 나왔잖아." 하는 식으로요. 지적하고 질책하려는 목적이 아니라, 그때의 일을 떠올리면서 주인공의 행동과 비교해 보는 시간을 갖기 위함이니 유쾌하게 이야기 나눠 주세요.

이 책은 시리즈로 이루어져 있는데, 『아빠를 화나게 하는 10가지 방법』도 참 재미있습니다. "아빠 차는 별로야!" 하고 말하기, 아빠의 옛날 성적표 찾아내기, 아빠 향수 쓰기, 아빠 서류에 낙서하기, 아빠의 화단 망치기, 아빠의 휴대 전화 몰래 쓰기, 아빠의 옛날 사진 꺼내기, 아빠한테 머리카락이 자꾸 빠진다고 말하기, 아빠의 연장통 뒤죽박죽 만들기, 텔레비전 보는 아빠 귀찮게 하기가 바로 그 10가지 방법이에요. 제목만 읽어도 버럭하고 화를 내는 아빠의 모습이 금세 연상되네요.

마찬가지로 이 10가지 상황에 대해서 아이가 구체적인 경험담을 떠올려 이야기할 수 있도록 분위기를 만들어 주세요. 엄마랑 이야기를 나눠도 좋겠지만, 아빠랑 이야기를 나누는 것이 더 좋을지도 모르겠네요. 아빠와 관련된 경험담이라 아빠가 더 생생하게 기억하고 있을 가능성이 크니까요. 아빠랑 이야기를 나누더라도 엄마 역시 함께 자리하면서 맞장구를 쳐 주세요.

그런데 이 시리즈는 엄마 아빠에서 끝나는 것이 아니에요. 『선생님을 화나게 만드는 10가지 방법』와 『동생을 화나게 만드는 10가지 방법』도 있습니다. 시리즈를 구성하고 있는 모든 책들이 매우 현실적이면서 유쾌한지라 아이가 전부 재미있게 읽을 거예요. 특히 선생님 편은 학교에서 이런 행동을 할 때 선생님께 혼난다는 사실을 깨달을 수 있기 때문에 학교생활에 적응하는 데 큰 도움이 될 것 같아요. 또 동생이 있는 아이라면 동생 편도 적극 추천합니다.

문해력을 키우는 추론 활동

이 책에 나오는 내용과 실제로 엄마를 화나게 하는 아이의 행동이 일치할 수도 있겠지만 조금 다를 수도 있을 거예요. 완전히 다를 수도 있고요. 매우 유쾌한 책이지만, 그냥 웃고 넘어가는 건 안 되고 반드시 아이가 자신의 생활을 반성하는 계기로 삼아야 합니다. 이 책을 읽고 나서 엄마를 화나게 하는 아이의 행동에는 어떤 것들이 있는지 아이에게 엄마가 이야기해 주세요. 이때 너무 많은 것을 이야기하면 아이의 주의가 분산될 수도 있으니, 정말 화나게 하는 것 3가지 정도만 이야기하기로 시작하는 게 좋겠습니다.

여기에서 끝나면 아이가 불공평하다고 생각할 수도 있을 것 같아요. 분명 아이를 화나게 만드는 엄마의 행동도 있을 테니까요. 그러니 아이에게도 자신을 화나게 하는 엄마의 행동 3가지 정도를 말할 수 있는 기회를 주세요. 그리고 앞으로 서로 그 점에 주의하자고 다짐하면서 마무리하면 됩니다.

문해력을 다지는 글쓰기 활동

앞에서 주의하자고 다짐했던 것을 종이에 써서 벽에 붙여 놓으면 더 효과가 커지겠지요? 아이의 다짐, 엄마의 다짐을 글로 쓰는 시간을 가져 보세요. 그리고 그것을 잘 보이는 곳에 붙여 둡니다. 서로 다짐한 부분은 잘 지키도록 노력해야 합니다. 아이에게만 강요할 것이 아니라 반드시 엄마도 철저히 지켜야 긍정적인 결과가 있을 것입니다.

아직 한글을 쓰지 못하는 유아라면 아이의 생각을 엄마가 직접 써 주면 됩니다. 유아의 경우 이 방법을 이용해 생활 습관을 바로잡아 주는 계기를 만들 수도 있어요.

가족의 소중함 깨닫기

당나귀 실베스터와 조약돌

윌리엄 스타이그 지음 | 이상경 옮김 | 다산기획

비내리는 토요일, 시냇가에서 놀다가 소원을 들어주는 요술 조약돌을 주운 당나귀 실베스터는, 앞으로 갖고 싶은 것을 모두 가질 수 있게 되었다는 소식을 엄마 아빠에게 전해 주려고 서둘러 집으로 향합니다. 그러다가 사자를 만났는데, 너무 놀란 나머지 자신이 바위로 변했으면 좋겠다는 소원을 말하게 됩니다. 실베스터는 바위로 변했고, 그 순간부터 실베스터 가족의 비극이 시작되지요.

하나밖에 없는 아들이 해가 바뀌어도 집에 돌아오지 않을 때 부모는 얼마나 애타고 절망스러울까요? 글뿐만 아니라 그림을 통해서도 실베스터 부모의 참담한 심정을 그대로 느낄 수 있습니다. 부모의 표정을 잘 관찰하면서 부모가 어떤 심정일지를 아이와 함께 이야기 나누어 보세요. 다른 사람의 감정을 읽는 연습은 공감 능력을 키우는 데 아주 중요한 역할을 합니다. 공감 능력은 아이들의 사회성과 도덕성 발달에 절대적인 영향을 미치기 때문에 공감 능력을 키울 수 있는 기회를 자주 마련해 주어야 합니다.

실베스터의 부모뿐만 아니라, 커다란 바위가 되어 해가 바뀌어도 집으로 돌아가지 못하는 실베스터의 심정도 말이 아닐 겁니다. 게다가 커다란 바위에서 다시 당나귀의 모습으로 돌아올 가능성도 희박한 상태니까요. 아이에게 만약 실베스터와 같은 상황에 처했다면 어떤 심정일지 묻고 이야기 나누면서 역시나 공감 능력을 키워 주세요. 하지만 가족 간의 사랑은 엄청난 기적을 만들어 냅니다. 힘을 내서 소풍을 가기로 한 실베스터의 부모가 마침 실베스터가 있는 딸기 언덕으로 온 거예요. 보이지 않는 어떤 힘이 실베스터의 부모를 딸기 언덕으로 이끈 건 아닐까요? 음식을 먹던 엄마가 왠지 실베스터가 가까운 곳에 있다는 느낌을 받은 것도 보이지 않는 힘 덕분이 아닌가 싶어요. 가족 간의 사랑은 보이지 않지만 무엇보다 깊고 강하고 따뜻하니까요.

결국 요술 조약돌을 발견한 아빠가 실베스터(정확히 말하자면 바위로 변한 실베스터) 위에 올려놓고, 실베스터가 당나귀가 되고 싶다는 소원을 빌면서 가족은 다시 재회하게 됩니다. 얼마나 행복하겠어요. 이 사건으로 가족이 함께하는 것보다 더 행복한 일은 없다는 사실을 깨닫게 된 실베스터 가족은 요술 조약돌을 금고 속에 봉인해 버립니다.

가족의 사랑을 더욱더 크고 깊게 느끼는 경험은 일상생활에서 자주 일어납니다. 이 책을 다 읽고 나서는 아이와 함께 가족이 소중하게 느껴졌던 경험담을 이야기해 보세요. 가족이 있어서 할 수 있는 일, 가족이 없으면 할 수 없는 일이 참 많습니다. 가족여행도 가족이 없으면 할 수 없는 일이잖아요. 물론 혼자 여행할 수도 있고, 친구와 함께 여행할 수도 있지만, 가족여행과는 느낌이 사뭇 다르지요. 또 가족이 있으면 아플 때 병간호도 해 주고, 함께 삼겹살 파티도 할 수 있어요.

제가 코칭하는 아이가 공개 수업 때 이야기를 들려줘서 제 마음이 뭉클했던 적이 있었어요. 엄마 아빠가 모두 직장에 다니셔서 공개 수업에 못 온다고 했는데, 엄마가 어렵게 시간을 내어 교실에 찾아오신 순간 너무 기뻤다고 했습니다. 부모님이 안 계실 때는 너무 외롭고 슬픈 마음에 고개만 푹 숙이고 있었는데, 엄마를 보고는 너무 기뻐서 그때부터 발표도 적극적으로 하고 수업에도 열심히 참여했다고 해요. 평소에는 가족의 소중함을 느낄 일이 별로 없었는데, 그때 정말 절실히 느꼈다고 했습니다. 가족이 없으면 자신은 외톨이가 될 테고, 자신을 응원해 주고 지켜 주는 사람이 없어서 힘들 것 같다고 하더라고요.

이처럼 가족의 소중함을 느꼈던 일을 상세하면서도 생생하게 이야기하는 시간을 가져 보도록 합니다. 자신이 직접 경험한 일을 있는 그대로 떠올려 상세하면서도 생생하게 정리해 보는 활동은 생활문 쓰기 훈련이 됩니다. 일기도 생활문에 속하는데, 일기를 쓸 때도 한 가지 소재를 가지고 상세하면서도 생생하게 쓰는 연습을 하면 양적으로나 질적으로 만족스러운 결과를 얻을 수 있어요.

 문해력을 키우는 추론 활동

내게도 요술 조약돌이 생긴다면 얼마나 좋을까요? 아이와 함께 요술 조약돌이 생긴다면 어떤 소원을 빌고 싶은지 이야기 나누어 보세요. 처음에는 생각나는 것을 모두 말해 보고, 그다음에는 그중에서 가장 바라는 3가지 소원 혹은 5가지 소원을 선정하도록 합니다.

미국의 심리학자 조이 길포드는 아이디어를 분석하고 다듬어 선택하는 사고의 과정을 '발산적 사고'와 '수렴적 사고'로 구분했어요. 발산적 사고란 다양한 아이디어를 자유롭게 산출하는 사고의 유형이고, 수렴적 사고란 다양한 아이디어 중에서 가장 바람직한 방향의 아이디어를 찾아가는 사고의 유형입니다. 전자는 발산적 사고력을 키워 주고, 후자는 수렴적 사고력을 키워 주는 활동이 될 것입니다.

 ## 문해력을 다지는 글쓰기 활동

이 책의 주인공 '실베스터'로 사행시를 지어 보세요. 아이들은 사행시를 아주 좋아합니다. 하지만 실베스터는 사행시를 짓기 좀 까다로운 글자들로 이루어져 있어서 아이가 어려워할 수도 있어요. 이때는 엄마가 다양한 단어들을 말해 힌트를 주면서 멋진 사행시를 완성할 수 있도록 도와주세요. 예를 들어 '베'에서 막혔다면 베프, 베스트 드라이버, 베트남, 베지밀 같은 단어를 열거해서 아이가 그중 하나를 찾아 문장을 만들 수 있도록 도와주면 됩니다.

아직 한글을 쓰지 못하는 유아라면 아이가 불러 주는 사행시를 엄마가 대신 써 주거나, 그냥 말로 표현하는 데까지만 해도 좋습니다.

예쁘게 진실을 말하기

나는 사실대로 말했을 뿐이야!

패트리샤 맥키삭 글 | 지젤 포터 그림 | 마음물꼬 옮김 | 고래이야기

리비는 좀 억울할 것 같아요. 루시의 양말에 구멍이 나서 사실대로 말했을 뿐인데, 윌리가 숙제를 해 오지 않아서 선생님께 사실대로 말했을 뿐인데, 터셀베리 아주머니네 마당이 너무 엉망이어서 밀림 같다고 사실대로 말했을 뿐인데, 모두가 리비에게 화를 내면서 리비와 말하고 싶어 하지 않으니까요. 사실대로 말했을 뿐인데 뭐가 문제일까요?

여기까지 읽고 나서 아이에게 내 주변에 리비 같은 친구가 있다면 기분이 어떨지 이야기 나누어 봅니다. 대부분 좋지 않은 평가를 내릴 거예요. 이런 친구가 있으면 너무 짜증이 나서 학교 가기가 싫어질 것 같다고 대답하는 아이도 있을 테고, 너무 꼴도 보기 싫으니까 친구들과 힘을 합쳐 왕따를 시킬 것이라고 대답하는 아이도 있을 것입니다. 그냥 생긴 대로 살라고 무시해 버릴 것이라는 아이도 있을 것이고, 1 대 1로 결투를 벌이겠다고 하는 아이도 있을지 모릅니다. 어떤 의견을 말하든 수용해 주고, 엄마도 거기에 공감하는 피드백을 해 주면 됩니다.

아이 주변에 실제로 이런 친구가 있는지에 대해서도 이야기 나누어 보세요. 의외로 아이의 주변에 이런 친구들이 종종 있을 거예요. 어떤 일을 겪었는지 경험담도 경청해 주고, 엄마도 어릴 적에 이런 일로 상처를 받은 적이 있다면 생생하게 이야기를 들려주세요. 저는 어렸을 때 목소리가 아주 허스키한 편이었는데, 어떤 아이가 남자 목소리 같다고 놀렸던 게 아직도 기억나요. 그래서 그 이야기를 들려주었더니 아이가 지금은 엄마 목소리가 아주 예쁘고 부드럽다고 위로해 줬답니다. 아이들은 엄마의 어릴 적 이야기를 듣는 것을 아주 흥미로워해요.

반대로 아이가 다른 사람에게 너무 솔직하게 말해서 상처를 줬을 것 같은 경험도 꺼내어 보는 시간을 갖도록 합니다. 아이들은 아직 미성숙하기 때문에 이런 경험이 분명 있을 거예요. 예를 들어 동생이 그린 그림을 보고 "야! 자동차가 이게 뭐냐? 꼭 거미 같잖아."라고 놀리듯 말했던 경험이 대부분 있을 것 같아요. 아이가 잘 기억해 내서 이야기해 볼 수 있도록 엄마가 도움을 주면 됩니다. 그러면서 그때 상대방이 어떤 기분이었을지 헤아리는 시간도 가져 봅니다. 제 아들은 "예전에 엄마가 레고 조립을 도와줄 때 내가 이렇게 쉬운 것도 왜 못하냐고 짜증 부렸잖아. 그때 엄마 엄청 창피하고 슬펐겠다. 미안해."라고 사과를 하더군요.

결국 리비는 사실대로 말해서 주변 사람들로부터 미움을 받고 있다는 사실을 깨달아요. 엄마에게 고민을 털어놓지요. 엄마는 이 문제에 대해 사실대로 말하더라도 때가 적당하지 않거나, 방법이 잘못되었거나, 나쁜 속셈일 경우에는 사람들의 마음을 상하게 할 수도 있다고 대답해 줍니다. 참 현명한 엄마지요. 리비가 이렇게 현명한 엄마의 적절한 조언을 들을 수 있어 다행이에요.

하지만 백문이 불여일견! 자신이 직접 경험을 해 봐야 잘못된 방식의 사실대로 말하기가 상대방의 마음을 얼마나 속상하게 하는지 절절히 깨달을 수 있겠지요. 때마침 리비가 제대로 철이 들 만한 상황이 벌어집니다. 버지니아가 지나가면서 리비가 돌보는 늙은 말에게 정말 볼품없어서 내다팔아도 1달러나 받을까 모르겠다고 말했어요. 그제야 리비는 자기가 했던 사실대로 말하기가 사람들에게 얼마나 큰 상처가 됐을지를 깨닫고 직접 찾아가 사과를 하기 시작합니다.

앞으로 리비의 행동은 어떻게 달라질까요? 저라면 수수께끼 놀이를 통해 아이가 직접 추측해서 표현해 보도록 하겠습니다. 예를 들어

"친구가 어제 땀을 흘리고 샤워를 안 했는지 땀 냄새가 많이 나는 걸 리비가 알게 됐어. 리비가 과연 친구에게 뭐라고 말할까?", "친구가 새 옷을 입고 와서 자랑을 하는데 사실은 별로 어울리지 않는다면 리비는 뭐라고 반응할까?", "친구가 BTS 춤을 따라 하면서 내 춤 실력이 어떠냐고 묻는다면 리비는 뭐라고 대답할까?"와 같이 새로운 상황을 만들어 내어 아이와 함께 이야기해 보는 거예요.

크게 깨달은 바가 있는 리비는 아마도 예전처럼 곧이곧대로 말해서 상대방에게 상처를 주지 않겠지요? 주인공의 행동을 추측해 보는 동시에, 예쁘게 진실을 말하는 연습을 직접 해 볼 수도 있는 좋은 활동이 될 것입니다.

문해력을 키우는 추론 활동

무조건 사실대로 말하면 상대방이 상처 받을 수 있습니다. 하지만 잘 아는 사람끼리 모른 척 지나가는 것도 최선의 방법은 아닐 것 같아요. 예를 들어 루시 양말에 구멍이 났는데 아무것도 모르고 돌아다니면 여러 사람들 앞에서 창피를 당할 수도 있잖아요.

아이와 함께 루시의 양말에 구멍이 생긴 걸 발견했을 때, 숙제를 안 해온 윌리의 사정을 알았을 때, 터셀베리 아주머니에게 마당이 어떠냐는 질문을 받았을 때 리비가 어떻게 말하고 행동하는 것이 옳았을지 이야기 나눠 보세요.

각자 추론하고 추론한 것을 공유하는 동시에 아이의 사회성을 키우는 시간이 될 거예요.

문해력을 다지는 글쓰기 활동

이 책을 통해 아이는 예쁘게 진실을 말하는 것의 중요성을 깨달았을 거예요. 앞으로 예쁘게 진실을 말하기 위해 노력해야 할 점을 3가지 정도 직접 써서 벽에 붙여 놓는 활동을 추천합니다. 아이가 생각을 떠올리기 너무 어려워한다면 엄마가 힌트를 좀 줘도 됩니다. 말하기 전에 내가 그 이야기를 했을 때 상대방의 기분이 어떨지 예상해 보기, 내가 그 말을 들었을 때 기분이 어떨지를 먼저 생각해 보기, 내가 하는 말이 상대방에게 도움이 될지 상처가 될지 먼저 판단해 보기 등 세울 수 있는 목표가 많아요.

아직 한글을 쓰지 못하는 유아라면 역시나 아이가 이야기하는 것을 엄마가 글로 써 주면 됩니다.

고정 관념 깨기

제가 잡아먹어도 될까요?

조프루아 드 페나르 지음 | 이정주 옮김 | 베틀북

이 책에는 정말로 독특하고 사랑스러운 늑대 루카스가 주인공으로 등장합니다. 이제 다 컸다고 생각한 루카스는 집을 떠나 독립을 하고 싶어 해요. 가족들은 슬퍼하면서도 루카스의 독립을 허락하지요.

루카스가 집을 떠나는 날, 아빠는 루카스에게 늑대가 먹을 수 있는 것들을 쭉 적어서 주지만 루카스는 늑대임에도 불구하고 마음이 너무 약해서 동물들을 잡아먹지 못해요. 배가 아무리 고파도 "제가 잡아먹어도 될까요?"라고 물어보고는 상대방이 이런저런 사정을 이야기하면 금세 마음이 약해져 포기하고 말지요. 하지만 사람을 잡아먹는 못된 거인을 발견했을 때는 완전히 다른 모습을 보여요. 문을 박차고 들어가 한입에 거인을 삼켜버렸거든요.

가장 먼저 보통의 늑대와는 완전히 다른 행동을 하는 루카스의 입장이 되어 볼까요? 아이에게 "만약 ○○가 루카스였다면, 염소 가족을 만났을 때 엄마 염소가 가족 모두를 한꺼번에 잡아먹어 달라고 부탁한다면 어떻게 할 거야?"라고 물어보고 아이의 대답을 기다립니다. 또 "아기 돼지 삼형제를 만났는데, 마지막으로 노래 한 곡을 부르게 해 달라고 부탁한다면 어떻게 할 거야?"에 대한 대답도 들어 보면 좋겠네요.

이와 같은 방식으로 루카스가 맞닥뜨렸던 여러 상황에서 만약 나라면 어떤 선택을 했을지에 대해 이야기 나누면 됩니다. 아이들은 예상보다 훨씬 기발하고 신선한 대답을 많이 들려줘요. 어른의 입장에서 상식에서 벗어나는 것 같은 대답이라고 해서 지적을 한다거나 교정을 해 주면 토론으로서의 가치가 전혀 없어집니다. 토론은 정답을 말하는 것이 아니라 자신의 생각을 말하는 것이니까요. 그 대신 그렇게 생각하는 이유를 물어보세요. 그런 과정을 통해 자신의 생각을 정확하고 논리적으로 이야기하는 훈련을 할 수 있습니다.

엄마도 똑같이 루카스의 입장이 되어 만약 나라면 어떻게 행동했을지 이야기하면 재미도 두 배가 될 뿐만 아니라 효과도 두 배가 됩니다.

엄마는 당연히 아이보다 좀 더 바람직하고 현명한 대답을 할 수 있겠지요. 자연스럽게 아이가 좀 더 넓은 시선으로 세상을 바라볼 수 있게 하는 계기가 됩니다. 아이의 대답이 불만족스럽다면 지적하고 교정해 줄 것이 아니라 '만약 엄마라면 이렇게 했을 것 같아.'라고 모범 답안을 제시해 주세요.

하지만 마음 약한 늑대 루카스의 선택을 마냥 지지하고 있을 수만은 없습니다. 왜냐하면 루카스는 육식 동물이잖아요. 그러니까 동물을 잡아먹지 않으면 죽을지도 몰라요. 아이에게도 그 점에 대해 쉽게 설명해 준 다음 루카스에게 어떤 충고를 해 주고 싶은지 물어보세요.

이때 엄마가 루카스 역을 맡아 아이와 루카스가 대화하는 형식으로 역할극을 해도 좋습니다. 제 아들은 이런 역할극을 아주 좋아했어요. 초등학교 2학년 때까지는 함께 책을 읽으면서 역할극을 참 많이 했습니다. 아들은 본인의 입장이 되고 저는 주인공의 입장이 되어 서로 하고 싶은 이야기를 나누었지요. 저는 물의 순환에 대해 설명하는 과학 동화를 읽으면서는 심지어 물방울 역할까지 해 보았답니다. 주인공의 역할을 맡아 역할극을 할 때 그 주인공에 알맞은 목소리로 생생하게 말하면 그만큼 더 실감이 나서 아이가 매우 좋아해요.

우리가 그동안 책으로 만나 왔던 늑대는 보통 거칠고 포악한 성격으로 주로 악역에 어울렸어요. 그런데 이 책의 주인공 루카스는 아주

순하고 착하고 인간적인 늑대네요. 인간적인 늑대라니 참 아이러니하지요?

이 책을 통해 우리는 '고정 관념'에 대해 생각해 볼 수 있답니다. 책을 다 읽은 뒤에는 아이에게 고정 관념이 무엇인지 설명해 주고, 세상을 넓게, 그리고 새롭게 보기 위해서는 반드시 고정 관념을 깨야 한다는 사실을 일깨워 주세요. 이런 활동은 지혜롭게 살아가는 방법을 알려 줄 수 있을 뿐만 아니라, 그야말로 아주 좋은 어휘력 수업이 되기도 합니다.

 문해력을 키우는 추론 활동

우리 주변에 고정 관념이 자리 잡고 있는 경우를 함께 찾아봅니다. 우리 주변에서 고정 관념은 아주 많이 발견할 수 있지만, 아이와 함께 이야기 나누는 시간이니 아이가 충분히 이해하고 공감할 수 있는 것들로 찾아야 합니다. 예를 들어 여자아이인데 왜 이렇게 극성맞게 뛰어다니느냐고 하는 것, 남자아이는 그런 일로 울면 안 된다고 하는 것, 핑크색은 여자아이들이 좋아하는 색이라고 단정하는 것, 혈액형이 O형이면 성격이 활발하다고 하는 것, 집안일은 엄마가 해야 할 일이라고 하는 것, 대학은 꼭 가야 한다고 하는 것 등 아이가 이해할 수 있을 만한 고정 관념들도 정말 많아요.

문해력을 다지는 글쓰기 활동

루카스가 독립할 때 아빠는 루카스가 먹을 수 있는 것들을 쭉 적어 줍니다. 하지만 루카스는 마음이 약해 다 잡아먹지 못하고 결국 마지막에 만난 나쁜 거인만 잡아먹어요. 그러고는 먹을 수 있는 것 목록에 '사람 잡아먹는 거인'을 추가하지요.

그렇다면 루카스는 '사람 잡아먹는 거인' 말고 또 무엇을 먹으면 좋을까요? 아이와 함께 루카스에게 추천해 주고 싶은 메뉴를 고른 뒤 '사람 잡아먹는 거인' 아래에 이어서 적는 활동을 해 봅니다. "루카스는 나쁜 동물들은 잡아먹을 건가 봐.", "살아 있는 동물은 못 잡아먹더라도 마트에서 파는 삼겹살이나 회는 먹을 수 있지 않을까?"라고 조금씩 힌트를 줘도 됩니다.

아직 한글을 쓰지 못하는 유아라면 아이에게 메뉴판을 멋지게 그려 달라고 한 뒤, 그 메뉴판에 아이와 함께 고른 메뉴를 엄마가 써 주면 됩니다.

나누는 기쁨 알기

퐁퐁이와 툴툴이

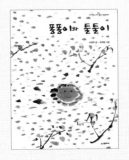

조성자 글 | 사석원 그림 | 시공주니어

퐁퐁이와 툴툴이라니, 제목부터 호기심을 자아냅니다. 퐁퐁이는 왜 이름이 퐁퐁이이고, 툴툴이는 왜 이름이 툴툴이일까요? 또 제목만 보면 분명 주인공이 둘일 것 같은데, 왜 표지에는 귀엽게 웃고 있는 동그란 무언가가 하나만 있을까요? 동그란 무언가의 정체는 또 무엇이고요? 책 표지만 가지고도 아이와 많은 이야기를 나눌 수 있는 책이에요.

책 표지를 넘겨서 본문으로 들어가면 동그란 무언가의 정체가 옹달샘이라는 사실을 금세 눈치 챌 수 있습니다. 그런데 표지에서처럼 옹달샘이 하나가 아니라 두 개가 나란히 있네요. 어느 한 옹달샘에게 무슨 일이 일어났음을 짐작할 수 있겠지요? 시작부터 정말 흥미진진하네요.

   이 책은 다른 친구들과 함께 나누는 것을 좋아하는 퐁퐁이와 다른 친구들과 나누는 것을 손해라고 생각하여 극도로 거부하는 툴툴이라는 두 옹달샘이 주인공으로 등장해요. 너무나 상반되는 캐릭터지요? 모양도, 살아가는 환경도 거의 비슷한 두 옹달샘은 마음가짐에 따라 완전히 다른 결말을 맞이합니다.
   퐁퐁이는 자신의 가슴에 가득 고여 있는 샘물을 숲속 친구들에게 나눠주는 것이 자신의 운명이라고 생각하여 기꺼이 내줍니다. 하지만 툴툴이는 다른 숲속 친구들에게 나눠주면 자신의 것이 없어질 것이라고 생각하여 나눠주기를 거부하지요. 툴툴이에게 매번 거절을 당한 숲속 친구들은 점점 툴툴이를 찾지 않게 돼요.

   여기까지 읽고 나서 등장인물들의 입장을 생각해 보는 시간을 갖도록 합니다. 먼저 툴툴이에게 거절을 당한 숲속 친구들의 기분이 어땠을지부터 가늠해 보면 좋습니다. 속상했을 것이다, 무안했을 것이다, 툴툴이가 너무 미웠을 것이다 같은 반응이 주로 나올 거예요.
   그다음에는 툴툴이의 행동에 대해 이야기를 나누어 봅니다. 대부분의 아이들이 툴툴이는 너무 자신밖에 모르는 욕심쟁이라는 부정적인 평가를 내릴 거예요. 이때 "혹시 ○○이는 툴툴이처럼 행동한 적 없을까?"라고 물어보면서 주인공의 입장이 되어 보도록 합니다. 사실 이런 경험이 누구나 있을 거예요. 동생이 내 장난감을 가지고 놀고 싶어 할 때 이유도 없이 거절했거나, 먹을 것이 있을 때 아까워서 친구와 나눠 먹지 않고 나 혼자 다 먹은 경험 말이에요. 그런 경험들을 떠올리면서 주인공을 통해 평소의 나의 모습을 객관적으로 들여다볼 수 있는 기회를 만들어 보는 거예요.

아이가 특정한 경험을 떠올렸다면, 그때 상대방의 마음이 숲속 친구들이랑 비슷했을 것이라는 사실을 짚어 주세요. 또 어떻게 행동했으면 아이와 상대방이 모두 만족스런 결과를 얻을 수 있었을지에 대해서도 이야기 나누어 보세요. 이처럼 다른 사람의 감정을 읽어 보는 과정을 통해 아이들은 공감 능력을 키워 갑니다. 그런 경험이 없는데 억지로 말해 보라고 강요할 필요는 없습니다. 또한 그때 상대방의 심정을 헤아려 보기 위한 시간이기 때문에 질책하거나 비난하는 듯한 분위기는 절대 금물입니다.

가을이 되어 툴툴이는 당연히 퐁퐁이의 샘물이 바짝 말랐을 것이라고 생각했지만 천만의 말씀이에요. 퐁퐁이의 샘물은 그대로였어요. 늘 새로운 물이 솟아나고 있으니까요. 오히려 위기는 툴툴이에게 찾아옵니다. 가을이 되어 나뭇잎이 떨어지기 시작하자 점점 옹달샘에 낙엽이 쌓이기 시작했던 거예요.

물론 퐁퐁이도 낙엽을 피할 수는 없었지만, 숲속 친구들이 퐁퐁이의 나뭇잎을 치워 주었어요. 샘물을 마셔야 하니까요. 하지만 툴툴이는 샘물을 마실 일이 없으니 아무도 낙엽을 치워 주지 않았습니다. 결국 툴툴이는 낙엽에 뒤덮여 흔적조차 찾기 어려운 지경이 되고 말아요.

너무나 상반되는 퐁퐁이와 툴툴이의 태도를 보면서 아이는 '나눔'의 의미와 기쁨에 대해 깨달을 수 있을 거예요. 다른 사람에게 뭔가를 나눠주면 당장은 사라지고 줄어드니까 왠지 손해 보는 느낌이 들지요. 하지만 사라지고 줄어들었던 부분은 눈에 보이지 않는 다른 것들로 충분히 메워집니다. 기부나 봉사를 하는 사람들이 그 과정 속에서 자신이 더 행복하고 충만해지는 경험을 이야기하는 것만 봐도 충분히 알 수 있어요.

다른 이들에게 내 것을 나눠주면 당장은 사라지고 줄어들더라도 그것이 또다른 새로운 희망과 가치를 만들어 낼 수 있음을 아이들에게 알려 주면 좋습니다. 이 책에서도 퐁퐁이가 샘물을 아낌없이 주니까 숲속 친구들이 낙엽을 치워 주잖아요. 이처럼 이 세상 모든 일은 유기적으로 연결되어 있습니다. 내가 도움을 주면 언젠가 그것이 나에게 이로운 영향을 미치는 부메랑이 되어 돌아올 거예요. 이 책을 통해 아이들이 그 사실을 알게 되면 좋겠네요.

문해력을 키우는 추론 활동

타인에게 조건 없이 무언가를 나눠준다는 것은 너무나도 아름다운 일입니다. 무엇을 나누든지 그 마음만으로도 충분히 존중받고 칭찬받아 마땅해요. 그중에서도 생명을 나누는 '장기 기증'은 그 무엇에 비교할 바 없이 숭고한 일입니다. 나는 죽어가지만 나의 선택으로 많은 사람들에게 새 삶을 선물할 수 있으니까요.

비록 이 책의 주인공인 퐁퐁이가 자신을 희생하면서까지 다른 숲속 친구들을 도와주는 것은 아니지만 이 책을 통해 나눔의 의미와 필요성을 알았으니, 나눔 최고봉이라고 할 수 있는 장기 기증에 대해 아이는 어떤 생각을 가지고 있는지 이야기 나눠 보면 좋을 듯합니다.

문해력을 다지는 글쓰기 활동

이 책은 주인공 이름부터가 신선하고 재미있지요? 아마도 의성어를 활용해 주인공의 성격이 잘 드러나도록 이름을 지었기 때문이 아닐까 싶어요. 여기에서 힌트를 얻어 아이와 함께 의성어와 의태어를 이용해 별명을 짓는 시간을 마련해 보세요.

가족사진을 붙여 놓고 아이가 각 사진마다 자신이 지은 병명을 붙여놓을 수 있도록 하면 더욱 좋아요. 예를 들어 아빠는 코를 많이 고니까 '쿨쿨이', 엄마는 늘 많은 고민을 안고 살아가느라 두통이 잦으니 '지끈이', 동생은 자꾸 뭘 해달라고 조르니까 '징징이' 등과 같이 의성어나 의태어로 가족의 별명을 지어 보면 됩니다.

아직 한글을 쓰지 못하는 유아라면 아이가 불러 주는 대로 가족사진에 엄마가 직접 가족의 별명을 써 넣어 주면 됩니다.

가치 있는 행동 실천하기

아름다운 가치 사전 1

채인선 글 | 김은정 그림 | 한울림어린이

이 책의 특징이라고 하면 당연히 '아이들의 눈높이에 맞춘' 친절하고 따뜻한 사전이라는 점이에요. 거기에다가 단순히 단어의 뜻만 알려 주는 것이 아니라 아이들이 그 단어의 가치를 일상생활에서 직접 실천해 볼 수 있도록 다양한 예시를 제시해 준다는 점도 매우 독특하지요. 그 예시들이 매우 생활 밀착형이어서 아이들의 공감을 쉽게 이끌어 냅니다.

특징이 명확한 책이므로, 이 책을 읽고 아이와 이야기를 나눌 때는 이 책의 특징부터 정확히 짚고 넘어가는 것이 좋습니다. 이 책의 제목이 '가치 사전'이므로 무엇보다 '가치'라는 단어의 뜻을 정확히 알아야 하겠지요? 아이와 함께 가치의 뜻을 찾아볼 때 어린이용 국어사전을 펼쳐 놓고 사전을 찾는 방법까지 알려 주면서 진행하면 더할 나위 없이 좋겠지만, 굳이 그렇게 복잡한 과정을 거치지 않고 스마트 기기의 편리함을 충분히 활용해도 됩니다. 욕심이 과해져서 과정이 복잡하고 시간이 오래 걸리면 꾸준히 실천할 수 없다는 함정에 빠지기 때문이에요. 국어사전 앱을 깔아서 가치를 찾아본 다음 그것을 반드시 공책에 한 번 써 보고 쓴 것을 소리 내어 읽어 보는 과정까지 이루어져야 아이들이 가치라는 단어의 뜻을 정확하고도 확실하게 내 것으로 만들 수 있어요.

단어의 뜻을 정확하게 파악했다면 그다음은 이 책의 특징에 대해 이야기 나누어 볼 차례예요. 아이에게 먼저 "이 책은 어떤 책인 것 같아?"라는 질문을 던져 자연스럽게 이야기를 시작하면 됩니다. 이때 대부분의 아이가 '단어를 설명하는 책' 정도로밖에 설명하지 못할 거예요. 조금 더 높은 수준의 어휘력과 표현력을 구사할 수 있는 아이들은 '우리가 자주 쓰는 단어를 알려 주고 실천하게 도와주는 책'이라고까지 설명할 수도 있을 테고요. 하지만 이 정도만으로도 이 책의 특징을 완전하게 설명했다고 보기 어려워요. 엄마의 도움이 필요한 순간이 바로 이때입니다.

우선 책의 차례를 펼쳐 보세요. 그러면 우리가 일상생활에서 자주 쓰는 24개의 단어가 나오는 것을 확인할 수 있어요. 이때 아이에게 이 책에는 "몇 개의 단어가 등장할까?"라고 질문한 뒤 아이가 24개라는 대답을 하면 "맞았어. 우리가 일상생활에서 꼭 지켜야 할 24개의 가치 뜻과 그것을 실천하는 방법에 대해 알려 주는 책이야."라고 방향을 잡아 주면 됩니다. 이렇게 책의 핵심에 서서히 다가가기 시작합니다.

그러고는 아이와 함께 첫 번째 장을 펼치고 한 단락씩 번갈아 읽으며 책 내용을 파악해 봅니다. 한 단락씩 읽고 나서는 "이런 마음 느껴 본 적 있어?"라고 질문해서 아이가 비슷한 상황을 떠올려 직접 이야기하는 시간을 가져 보세요. 예를 들어 '감사'라는 장에 '감사란, 배드민턴 치는 법을 가르치는 아버지에게 "아빠, 고맙습니다." 하고 말씀드리는 것'이라는 구절이 나오는데, 이 부분을 읽고 나서 "이런 마음 느껴 본 적 있어?"라고 질문하는 식이에요. 그러면 아이는 비슷한 경험을 떠올리면서 "지난번에 아빠가 자전거 타는 법 가르쳐 줄 때 넘어지지 않도록 잡아 줘서 고마웠어."라고 대답할 수 있겠지요. 이와 같은 과정을 통해 해당 단어의 의미를 정확하게 파악할 수 있을 뿐만 아니라 사고력과 표현력을 크게 향상할 수 있어요.

한 장 한 장 넘기면서 이런 과정을 거치면 아이는 24개의 아름다운 단어의 의미를 정확하게 파악할 수 있게 됩니다. 그뿐만 아니라 어떻게 행동하는 것이 그 가치를 실천할 수 있는 좋은 방법이 되는지까지 생생하고 섬세하게 깨닫게 될 것입니다.

문해력을 키우는 추론 활동

한 장을 다 읽고 나서 그 장에 등장한 단어를 실천하지 않는다면 어떻게 될지 이야기를 나눠 봅니다. 이 추론의 핵심은 답을 찾는 것이 아니라 서로의 생각을 나누는 것이에요. 그러므로 혹시나 아이가 '관용'을 다루는 장을 읽고 나서 "나는 아빠가 콩나물국을 끓이다가 소금 대신 설탕을 잘못 넣었을 때 웃어넘기면 안 된다고 생각해. 잘못된 것은 잘못됐다고 얘기해야 다시는 실수 안하지."라고 책의 내용과 반대되는 내용을 이야기하더라도 그건 잘못된 생각이라고 지적하면서 바람직한 방향을 제시하려고 하지 말고, "열심히 콩나물국을 끓였는데 잘못했다고 하면 속상하지 않을까? 그 상황을 좀더 현명하게 해결할 수 있는 방법은 없을까?"와 같은 질문을 통해 상대방의 입장을 헤아리면서 생각의 폭을 넓힐 수 있는 계기를 마련해 줘야 합니다.

문해력을 다지는 글쓰기 활동

이 책에서 가장 기억에 남는 단어를 하나 고르라고 한 다음 책의 특징을 살려 그 단어를 표현해 볼 수 있도록 합니다. 만약 아이가 '정직'이라는 단어가 가장 기억에 남는다고 하면 정직이란 어떤 것인지 직접 써 보도록 하면 돼요. 예를 들어 '정직이란, 엄마한테

혼날 것이 무서워도 꾹 참고 내가 어지른 것이라고 솔직하게 말하는 것'이라고 쓰는 식이지요. 정직의 뜻을 설명할 때는 정직이라는 단어가 포함되면 안 된다는 사실에 주의해야 합니다. 또한 단어에서 멈추지 않고 여러 단어를 연습해 보면 더 좋겠지만, 그렇게 하면 아이가 지칠 수도 있으니 적당히 조절할 필요도 있어요.

아직 한글을 쓰지 못하는 유아라면 가장 기억에 남는 단어를 아이에게 물어본 뒤, 그 단어를 엄마가 예쁘게 써 주세요. 엄마가 쓴 단어 밑에 아이가 한 번 더 따라 쓰도록 하는 것도 좋습니다.

생명을 존중하는 마음 갖기

숲으로 간 코끼리

하재경 지음 | 보림

참 슬픈 이야기예요. 사람들을 즐겁게 해 주는 서커스의 코끼리와 동물원의 코끼리가 이렇게 비참한 결말을 맞이한다는 것이 우리 모두의 책임인 것 같아 마음이 무거워져요. 하지만 이것은 현실입니다. 실제로 동물원이나 수족관에 갇혀 있는 수많은 동물들이 고통 속에서 일생을 마감하지요.

이 책을 아이와 함께 읽은 다음, 가장 먼저 죽음을 앞둔 코끼리 앞에 나타난 '요정'의 존재가 무엇이었을지를 상상해 보는 건 어떨까요? 어른의 입장에서는 너무 뻔한 질문일지 몰라도 아이들은 색다르고 독특한 이야기를 들려주기도 합니다. 코끼리를 하늘나라로 행복하게 안내해 주려고 하늘나라에서 내려온 천사라고 하는 아이도 있고, 먼저 죽음을 맞이했던 코끼리의 엄마가 이 세상에서 코끼리의 마지막 소원을 들어주려고 잠깐 찾아온 것이라고 하는 아이도 있어요. 조련사가 코끼리의 마지막 소원을 들어주기 위해 벌인 일인데, 코끼리는 조련사를 요정이라고 착각한 것이라고 하거나, 꽃향기에 취해 술에 취한 것처럼 그냥 기분이 좋아져서 환상을 본 것이라고 하는 아이도 있지요. 모두 다 맞는 말입니다. 왜냐하면 요정의 존재가 누군지는 밝혀진 바가 없거든요. 독자가 상상하기 나름이지요.

요정의 존재를 추측하며 아름답게 마무리할 수만은 없는 책입니다. 현실을 꼭 한 번 직시해야 하는 내용이 담겨 있으니까요. 아이에게 동물원에서 고통을 받으면서 지내고 있는 동물들의 이야기를 들려주세요.

2019년, 전주동물원에서 살던 코끼리 '코돌이' 이야기를 들려주면 어떨까 싶어요. 원래 코끼리는 부드러운 모래와 진흙을 좋아하는데, 동물원의 코끼리들은 아스팔트 바닥에서 살아가야 하기 때문에 무릎 관절과 발바닥이 많이 상한다고 하네요. 코돌이도 무릎 관절 이상과 발바닥 염증으로 죽음을 맞이했고요. 더군다나 코끼리는 원래 넓은 곳에서 무리 지어 이동하며 살아가는데, 좁은 우리 안에서의 삶이 얼마나 힘겹고 답답했겠어요.

어디 코끼리뿐이겠어요. 동물원에 있는 다른 동물들도 마찬가지예요. 수족관에서 살아가는 물고기들도 다를 게 없어요. 얼마나 힘겹고 답답한지 이렇게 갇혀서 지내는 동물에게서는 정형행동 stereotyped behavior 이 나타난다고 해요. 정형행동은 갇힌 곳에서 살아가는 동물들이 아무 이유 없이 똑같은 행동을 반복하는 일종의 정신 질환이지요.

이런 이야기를 통해 이 책의 이야기가 실제 우리 현실에서 일어나고 있는 일임을 알려 주면 좋겠습니다. 아이들에게 동물원은 신기한 경험을 하고 행복한 추억을 쌓는 소중한 곳인데 아이들의 마음이 여간 아프지 않을 거예요. 그래도 동물원에서 사람들은 웃고 있지만 동물들은 그렇지 못하다는 사실을 아이들도 알아야 합니다.

하지만 동물원을 없앨 수는 없잖아요. 동물원을 통해 우리는 즐거움도 얻지만, 동물들에 대한 산 지식도 얻을 수 있으니까요. 또 이미 어떤 동물들에게는 동물원이 삶의 터전이 되었을 수도 있어요. 그래서 무작정 없애자고 하는 것은 최선은 아닐 것 같고, 또 없애자고 하더라도 없어지지 않을 것 같아요.

그러니까 아이와 함께 대안을 찾아보는 거예요. 어처구니없게도 우리나라의 동물원은 동물원 설계 전문가가 설계한 것이 아니래요. 1980년대에 들어서서 각 지역마다 동물원을 설립하는 것이 유행처럼 번졌어요. 인식이 부족한 데다가 비용도 부족하다 보니 야생 동물들에게 적절한 공간에 대한 고려 없이 그냥 사육장처럼 마구 지었어요. 그 바람에 동물원은 동물들이 살아가는 공간이 아니라 동물들을 전시하기 위한 공간이 되어 버렸어요.

아이들을 위해서라도 동물원을 없앨 수는 없으니 동물들의 행동 풍부화behavioral enrichment를 도모할 수 있는 노력을 기울여야 합니다. 동물들의 행동 풍부화는 여러 가지 측면에서 생각해 볼 수 있어요. 일단 무리를 지어 살아가야 하는 동물들은 무리를 지어 주어 불안감이나 무료함을 달래 줍니다. 또 후각적, 시각적으로 다양한 자극을 주거나 새로운 장난감을 줘서 생활에 활력을 주는 것도 좋은 방법이지요. 먹이도 때 되면 그냥 줄 것이 아니라 먹이를 찾아 먹을 수 있는 환경을 만들어 주면 동물들이 무료해하지 않겠지요. 동물들이 원래 살아가던 서식지와 비슷한 환경을 만들어 주는 것이 무엇보다 중요하고요.

이런 방법들이 있다는 사실을 알려 주면서 동물원에서 고통을 받는 동물들 때문에 슬퍼하는 아이의 마음을 달래 주세요. 우리가 모두 이런 문제에 대해 관심을 갖고 노력하면 해결 방법을 찾을 수 있다는 사실도 알려 주고요. 이때 주의할 점이 있습니다. 이렇게 설명이 길게 이어지다 보면 엄마 중심으로 이야기가 흘러갈 수 있어요. 중간중간 아이가 자신의 생각을 이야기하거나 질문을 할 때 적절한 반응을 보이면서, 아이가 더욱 관심을 갖고 문제에 깊이 다가갈 수 있도록 도와주세요. 문해력을 높여 주는 독서 시간은 늘 아이가 중심이어야 합니다.

문해력을 키우는 추론 활동

동물원에서 살아가는 동물들의 이야기를 좀더 자세히 알고 싶다면 왕민철 감독의 〈동물, 원〉이라는 다큐멘터리를 추천합니다. 동물들의 모습뿐만 아니라 동물들의 건강과 행복을 위해 최선을 다하는 사육사들이 등장하는 영화인데, 동물원의 문제점을 해결할 수 있는 방법들이 담겨 있어 이 책과 연결되는 지점이 많습니다. 다큐멘터리를 보면서 문제점을 해결할 수 있는 방법에 대해 아이와 함께 고민하는 시간을 가져보는 건 어떨까요?

문해력을 다지는 글쓰기 활동

서커스단에서 동물원으로 옮겨지기 하루 전에 죽음을 맞이한 코끼리에게 편지를 써봅니다. 이때 아이가 여러 가지 생각을 떠올려 볼 수 있게 적절한 질문을 던져 주세요. "서커스단에서 힘들게 훈련받을 때 코끼리 기분은 어땠을까?", "코끼리 입장에서는 동물원에 가서 더 오래 사는 게 좋았을까, 아니면 소원을 이루고 고통 없이 죽는 게 좋았을까?" 정도의 질문이면 좋을 것 같아요.

아직 한글을 쓰지 못하는 유아라면 코끼리에게 하고 싶은 말을 그림책의 코끼리를 보면서 말로 표현할 수 있도록 해 주세요. 엄마가 옆에서 아이의 생각에 공감해 주면 더욱 좋아요.

문해력을 키워야 하는 이유 중 하나는 다른 사람들과의 의사소통을 원활하게
하기 위함입니다. 하지만 말을 잘한다고 무작정 의사소통이 잘되는 것은 아
닙니다. 어떤 상황인지 잘 파악한 뒤, 상황에 맞는 말과 행동으로 적절하게
대처해야겠지요.

3장은 다른 사람들과 잘 어우러져 행복하게 살아가는 방법들이 담겨 있는
책들로 구성되어 있어요. 아이랑 책 읽기를 통해 문해력 발달과 사회성 발달
두 마리 토끼를 잡아 보세요.

03*

더불어 살아가는
구성원으로 자라요!

부정적인 감정 건강하게 표현하기

화가 나는 건 당연해!

미셸린느 먼디 글 | R. W. 앨리 그림 | 노은정 옮김 | 비룡소

여러 가지 감정 중에서도 '화'를 슬기롭게 다스리는 방법이 담긴 책이에요. 우리는 그동안 화를 내는 것은 나쁜 것이라고 배워왔잖아요. 그런데 사실 화는 우리 마음속에서 만들어지는 자연스러운 감정 중에 하나예요. 화라는 감정 역시 표현을 하는 것이 자연스럽고 더 건강하답니다. 오히려 화를 참거나 쌓아 두면 우울감이 느껴지거나, 어느 순간 갑자기 폭발하면서 더 큰 문제가 발생하고 말아요.

이 책은 화가 나는 건 당연한 일이고, 화를 잘못 표현하는 것이 문제라는 것을 알려 줘요. 그리고 화를 적절하게 표현할 수 있는 방법에 대해 제시하고 있답니다. 화를 비롯해 슬픔이나, 외로움, 공포, 좌절감, 두려움 등과 같은 부정적인 감정을 잘 다스릴 줄 알아야 사회성 높은 아이로 성장할 수 있으므로 이 책에 주목하면 좋겠습니다.

아이와 함께 책을 읽다가 '무엇이 너를 화나게 하는 걸까?'라는 대목이 나오면 아이와 함께 '나를 화나게 하는 것들'에 대해서 이야기를 나누면 좋습니다. 아이에게 먼저 자신을 화나게 하는 것은 무엇인지 마음껏 이야기해 보도록 하세요. 언니나 동생, 아빠의 담배 냄새, 코로나19 바이러스, 맛없는 급식, 모기, 짝꿍, 모둠 활동, 학원 숙제, 브로콜리, 영어 공부 등 아이의 머릿속에서 떠오르는 것들을 모두 말할 수 있게 해 주세요. 현실적인 것도 좋지만 좀 엉뚱한 것이어도 괜찮아요. 어떤 아이는 '북한 핵무기'를 꼽기도 했고, 또 어떤 아이는 '미용실 가기'를 꼽기도 했답니다.

그다음은 엄마 차례예요. 아이가 먼저 이야기하고 그다음 엄마가 이야기하는 데는 다 이유가 있어요. 아이들에게 자유롭게 자신의 생각을 이야기하라고 하면 먼저 이야기한 사람의 영향을 아주 많이 받거든요. 그래서 엄마가 먼저 이야기하면 엄마의 대답에서 많은 힌트를 얻어 그 범주를 벗어나지 못할 가능성이 커요. 그러므로 자신의 생각을 자유롭게 표현하는 문제에 있어서는 꼭 아이의 생각을 먼저 들어 줘야 합니다. 아이에게 너무 어려운 문제일 경우에는 예시를 제공하는 의미로 엄마가 먼저 이야기해도 괜찮습니다.

　나를 화나게 하는 것들을 찾았으니까 이번에는 화를 어떻게 푸는 것이 좋을까에 대해서도 생각해 봐야겠지요? 책에서 좋은 방법들을 많이 제시해 주고 있지만, 자신에게 잘 맞는 방법을 스스로 찾을 수 있으면 더 좋겠지요. 먼저 아이에게 어떻게 하면 좋을지 물어본 다음 아이가 적절한 방법을 제시하면 그것을 실천할 수 있도록 격려해 주세요. 적절하지 못한 방법이라면 그 방법의 문제점을 이야기해 준 다음 그 문제점을 보완한 대안을 알려 주면 됩니다.

　만약 아이가 적절한 방법을 찾지 못한다면 앞에서 언급했던 것처럼 예시를 제공하는 차원에서 엄마가 먼저 자신만의 방법을 이야기해 주세요. "엄마는 화가 나면 귀에 이어폰을 꽂고 산책로에서 걸어. 그러면 복잡했던 머리가 편안해지는 느낌이 들면서 화가 누그러들거든.", "엄마는 호흡을 가다듬으면서 마음을 진정시켜. ○○이도 한번 해 볼래? 숨을 깊이 들이마셨다가 내쉬면 돼.", "엄마는 그냥 잠을 자. 잠을 자고 일어나면 기분이 개운해지면서 화가 저절로 사라져 있더라고."와 같이 구체적으로 이야기해 주면 됩니다.

　마지막으로 나 때문에 화가 났던 사람에 대해 이야기를 나누는 것도 중요합니다. 다른 사람 때문에 내가 화나는 경우가 많지만, 나 때문에 다른 사람이 화나는 경우도 많을 거예요. 내가 아무 생각 없이 했던 행동들, 예를 들어 동생의 장난감을 휙 빼앗아 갖고 놀았다든가 짝꿍이 문제를 잘 못 푼다고 놀렸다든가 엄마와의 약속을 안 지키고 게임만 했을 때 상대방을 화나게 했을지도 모르잖아요.

그때의 경험을 떠올리면서 내가 화나는 상황에서는 상대방도 화날 수 있음을 알려 주세요. 다시 한번 말씀드리지만 공감 능력은 아이들의 사회성과 도덕성 발달에 절대적인 영향을 미칩니다. 그리고 사회성과 도덕성은 더불어 살아가는 구성원으로 성장하는 데 꼭 필요한 미덕이지요.

 문해력을 키우는 추론 활동

'화가 난다'라고 할 때 화는 한자로 '불 화(火)' 자를 씁니다. 왜 화라는 감정을 火로 쓰는지 아이와 자유롭게 이야기 나눠 보세요. 만약 아이가 자신의 생각을 선뜻 이야기하지 못한다면 불의 이미지에 대해 먼저 이야기를 나누도록 합니다. 불길이 활활 타오르면 너무 위험해서 아무도 접근하지 못한다든지, 불이 꺼지고 나면 주변의 것들은 다 재가 되어 없어져 버린다든지, 한 번 불이 나면 되돌릴 수 없다든지 하는 특징들을 이야기해 봅니다. 그리고 그것이 우리의 화라는 감정과 어떤 관계가 있을지 연결해 보세요.

문해력을 다지는 글쓰기 활동

나를 화나게 하는 사람에게 편지글을 써 봅니다. 내 감정이 지금 어떤지, 어떻게 해야 내 화가 풀릴지, 앞으로 어떤 점에 주의를 해 주었으면 좋을지에 대해 구체적으로 쓸 수 있도록 도와주세요. 하지만 경고하거나 명령하는 식의 내용은 상대방의 마음을 움직일 수 없겠지요. 정중하면서도 진정성 있게 자신의 마음을 담아야 한다는 점을 꼭 알려 주세요.

아직 한글을 쓰지 못하는 유아라면 화난 자신의 마음을 그림으로 표현해서 완성된 그림을 상대방에게 주는 활동을 해 봅니다. 꼭 화난 얼굴을 그릴 필요는 없습니다. 화난 감정을 여러 가지 색깔이나 모양으로 자유롭게 표현할 수 있도록 지켜봐 주세요.

새로운 친구 사귀기

친구를 사귀는 아주 특별한 방법

노튼 저스터 글 | G. 브라이언 카라스 그림 | 천미나 옮김 | 책과콩나무

새로운 곳으로 이사를 온 주인공에게 큰 골칫거리가 생겼습니다. 바로 친구가 없다는 것! 주인공은 새로운 곳에서 새로운 친구를 사귀어야 하는 것이 고민이지만 엄마는 "다 잘될 거야." 하면서 별로 대수롭지 않게 생각합니다. 이사를 결정할 때 "너도 좋아하게 될 거야."라면서 대수롭지 않게 통보한 것처럼요.

이 부분을 읽으면서 이사나 전학을 해야 했던 경험을 떠올려 이야기를 나누면 아주 좋습니다. 엄마 아빠로부터 이사를 가게 됐다는 이야기를 처음 들었을 때 주인공처럼 좋지 않은 느낌이 들었는지, 새로 이사 간 집이 조금도 편하지 않았는지, 새로운 친구를 사귀어야 한다는 부담감이 있었는지 이야기를 잘 들어주세요. 아이가 많이 힘들어 했다면 위로해 주는 시간도 필요합니다. 만약 아이가 이사나 전학 경험이 없다면, 주인공처럼 갑작스럽게 이사나 전학을 가야 할 일이 생긴다면 어떤 기분이 들지 이야기 나누면 됩니다.

주인공은 엄마가 이삿짐을 정리하는 사이 동네를 한 바퀴 돌기 시작합니다. 그러다가 골목에 서서 "네빌!"이라고 크게 외치기 시작하지요. 그 소리를 들은 동네 친구들이 하나둘 모여들어 같이 "네빌!"을 외쳤고, 결국 사방에서 더 많은 아이들이 달려 나와 보이지 않는 네빌 찾기에 동참합니다.

어느 순간 아이들은 네빌이 누구일지에 대해 관심을 갖기 시작하더니, 네빌의 친구인 주인공에게도 관심을 보였어요. 그러면서 오늘 찾지 못한 네빌을 내일 다시 찾아 주겠다는 약속까지 하면서 집으로 돌아갔지요. 집으로 돌아온 주인공은 깨끗하게 씻고 편안하게 잠자리에 들었습니다.

그렇다면 과연 네빌은 누구일까요? 이 책 맨 마지막에 네빌의 정체가 공개되는데, 마지막 장을 펼치기 전에 아이와 함께 네빌의 정체를 추리하는 시간을 가져 보세요. 가장 많은 아이들이 네빌은 주인공 자신의 이름이라고 생각해요. 아이들에게 자신의 이름을 알리기 위해,

혹은 관심을 받기 위해 "네빌!"이라고 크게 외치기 시작한 것이라고 예상합니다. 어떤 아이들은 그것은 예전에 살던 마을에서 가장 친했던 친구 이름이라고 말하기도 해요. 혼자 걷다 보니 외로워서 친구 이름을 크게 불러 본 것이라고요. 누구인지를 맞히는 데 초점을 맞추기보다 왜 그 사람으로 예상하는지에 대한 이유를 더 귀담아들어 주세요.

　네빌의 정체는 바로 주인공 자신이었습니다. 잠들기 전에 엄마가 "잘 자라, 네빌. 좋은 꿈 꾸고."라고 이야기해 줄 때 비로소 정체가 공개되지요. 마지막 장을 보면서 아이들은 네빌이 네빌을 찾으면서 동네 친구들과 친해졌다는 사실을 알게 됩니다.

　이 부분에서 아이에게 네빌이 새로운 친구를 사귀기 위해 사용한 방법은 성공이라고 생각하는지 실패라고 생각하는지 질문해 보세요. 여러 가지 정황으로 유추해야 하는 비교적 고차원적인 질문입니다. 친구들의 관심을 끌었는지, 네빌이 만족스러워 하는지, 차후에 벌어질 수 있는 상황까지 고려해서 성공과 실패를 따져 봐야 하니까요.

　네빌이 아주 독특하고 신기한 방법을 써서 친구들의 관심을 얻은 데다가, 집으로 돌아간 네빌의 표정이 행복하고 편안해 보였기 때문에 성공적이라고 판단할 수 있습니다. 반면 동네 친구들이 사실을 알게 되면 배신감을 느껴 오히려 네빌이 왕따를 당할지도 모른다는 이유로 실패라고 판단할 수도 있고요. 모두 모두 멋진 해석입니다. 이처럼 아이가 자신의 생각을 자신감을 가지고 정확하게 표현할 수 있도록 하는 것이 엄마와 함께하는 책 읽기의 최종 목표랍니다.

문해력을 키우는 추론 활동

새로운 친구를 사귀는 것은 누구에게는 쉬울 수도 있겠지만 누구에게는 아주 어려운 일이 되기도 해요. 아이와 함께 새로운 친구를 사귈 때 어떤 점이 좋고 어떤 점이 어려운지에 대해 허심탄회하게 이야기 나누어 보세요. 또 아이는 새로운 친구를 사귈 때 주로 어떤 방법을 활용하는지에 대해서도 이야기 나누어 봅니다.

새로운 친구 사귀기를 어려워하는 아이라면 함께 좋은 방법을 찾아보기를 추천합니다. 부끄러움이 많은 아이라면 먼저 적극적으로 나서서 친구를 사귀어야 한다는 것이 어렵게만 느껴집니다. 적당한 방법을 엄마나 아빠가 제시해 주면 실제로 아이에게 큰 도움이 됩니다. 집에서 키우는 강아지 사진을 아이들에게 보여 주면서 호감을 사거나, 마음에 드는 아이 한두 명을 집으로 초대해서 친해지는 기회를 가져 볼 수도 있겠지요. 아이에게 가장 적절한 방법을 함께 찾아보세요.

문해력을 다지는 글쓰기 활동

지금까지 가장 기억에 남는 친구를 선택해서 그 친구의 특징을 써 보는 시간을 가져 보세요. 평소에 가지고 있던 막연한 느낌을 글로 써 보면 재미있을 뿐만 아니라, 생각을 글로 표현하는 좋은 훈련이 되기도 합니다. 한 명보다는 서너 명 이상의 친구들을 선택하는 것이 더 좋습니다. 친구들 각각의 특징을 다양하게 표현하면서 더 많은 어휘를 활용해 보고 더 많은 문장을 만들어 보는 기회가 될 테니까요.

　아직 한글을 쓰지 못하는 유아라면 아이가 친구 얼굴을 그리고 엄마가 친구의 이름과 특징을 써 주면 됩니다. 저도 아들이 유아였을 때 이 활동을 해 보았는데요, 친구들의 특징에 대해 '○○이는 하트를 잘 그려요.', '○○이는 나를 엄청 좋아해요.'와 같이 어린아이 특유의 순수함이 담긴 내용을 들려주어서 마냥 즐거웠던 기억이 나네요.

따돌림 문제 해결하기

장난인데 뭘 그래?

제니스 레비 글 | 신시아 B. 데커 그림 | 정회성 옮김 | 주니어김영사

컴퓨터 게임을 하고 있는 제이슨을 아빠가 불러내면서 이야기가 시작됩니다. 새로 이사 온 패트릭을 아들 제이슨이 괴롭히고 있다는 사실을 알고는 훈육을 하기 위해서였어요. 그런데 제이슨의 아빠는 아들을 야단치는 대신 자신의 어렸을 적 이야기를 들려줘요. 제이슨이 패트릭을 뚱뚱보, 꿀돼지, 꿀꿀이라고 놀리는 것처럼 주근깨투성이에 개골개골 우는 목소리로 말해서 얼룩개구리라고 놀렸던 친구 이야기를요.

아빠의 친구는 아빠의 괴롭힘을 견디다 못해 이사를 갔습니다. 그러고는 다시 만날 일이 없을 줄 알았는데 지난달에 우연히 다시 만난 거예요. 그것도 경찰이 돼서요. 아빠 때문에 친구는 오랫동안 스스로를 형편없는 인간이라고 생각했다고 토로했고, 아빠가 미안하다고 사과해도 받아주질 않았어요. 그때의 씁쓸했던 기분을 제이슨에게 들려주며 아빠는 아들이 스스로 깨달을 수 있는 기회를 줍니다.

사실 대부분의 부모님이 내 아이가 학교 폭력의 피해자가 될까만 걱정하는 편이에요. 내 아이가 신체적으로, 혹은 언어적으로 폭력을 가해서 상대방이 힘들어한다는 소식을 들어도 아이가 '장난 삼아 놀린 것'이라고 말하면 어릴 때는 그럴 수도 있지 하면서 대수롭지 않게 넘깁니다. 그러면서 상대방의 고통이 아무렇지 않은 것이 되어버리곤 합니다. 상대방의 입장에서는 정말 고통스럽고 괴로운 일인데도요.

아이가 폭력의 가해자가 되었다는 소식을 들으면 반드시 폭력적인 행동과 폭력적인 언어가 얼마나 나쁜지 아이가 깨닫도록 해야 합니다. 아이들은 아직 미성숙하기 때문에 무엇이 옳고 그른지 모를 수도 있어요. 부모가 옳고 그름을 알려 주는 것은 아주 중요하고 반드시 필요한 일입니다. 그런 면에서 저는 이 책의 진정한 주인공은 제이슨의 아빠라고 하고 싶어요. 아들의 잘못을 정확하게 짚어 주고 그 잘못을 깨달을 수 있는 기회를 주니까요.

제이슨의 아빠가 들려준 사람의 마음속에 살고 있는 두 마리의 개 이야기는 아주 인상 깊습니다. 우리 마음속에 살고 있는 두 마리의 개

중에서 한 마리는 착한 개이고 다른 한 마리는 나쁜 개인데, 그 두 마리는 늘 으르렁거리며 싸운다는 거예요. 두 마리의 개 중에서 어느 쪽이 이길까요? 바로 주인이 밥을 더 주는 쪽이랍니다. 다시 말해 마음속에 착한 개를 키우느냐 나쁜 개를 키우느냐는 자기가 스스로 결정한다는 의미예요. 그러면서 제이슨에게 이야기합니다.

"곰곰이 생각해 보렴. 너는 어떤 개에서 밥을 더 많이 주는지 말이야."

아이에게도 이 질문을 던져 보면 어떨까요? 아이가 바람직하지 않은 행동을 하는 각종 상황에서 활용해 볼 수 있는 질문인 것 같아요.

제이슨은 아빠의 이야기를 듣고 우연히 다시 만난 패트릭과 이런저런 이야기를 나누다가 '팔씨름'이라는 공통분모를 발견합니다. 패트릭이 팔씨름 선수가 되고 제이슨이 매니저가 되어 친구들과 팔씨름 시합을 벌이기로 해요. 제이슨은 패트릭을 소개하면서 처음에는 '꿀돼지'라고 했다가 곧 '망치 손'이라고 바꾸어 말합니다. 패트릭에 대한 제이슨의 시선이 어떻게 달라졌는지를 알아볼 수 있는 대목이지요.

부정적인 시선을 바라봤을 때는 단점처럼 보였던 것이 긍정적인 시선으로 바라보면 장점으로 보이게 됩니다. 땅이 쿵쿵 울리게 걷는 꿀돼지가 단단하고 야무진 주먹을 가진 망치 손으로 보였던 것처럼요. 이 책을 다 읽었다면 아이와 함께 주변 사람들의 장점을 찾는 시간을 가져 보세요. 친구도 좋고, 가족이나 친인척도 좋습니다. 특히 아이가 평소에 싫어했거나 많이 놀렸던 사람이라면 더욱 좋습니다.

문해력을 키우는 추론 활동

대부분 별명은 약점을 찾아 짓거나 놀리는 의미로 짓지요. 가벼운 장난으로 받아들이면 웃어넘길 수도 있지만, 별명으로 인해서 창피함을 느껴 상처를 받는 경우도 많습니다.

이 책을 통해 부정적인 시선으로 바라볼 때와 긍정적인 시선으로 바라볼 때 상대방이 어떻게 달리 보이는지 깨달았을 테니, 주변 사람들의 장점을 찾아 긍정적인 별명을 붙이는 시간을 가져 보세요. 예를 들어 평소에 아빠가 키가 커서 '거인'이라고 불렀다면 아이들이 좋아하는 마블 캐릭터인 '타노스'라고 바꿔 보는 식이에요. 타노스도 키가 정말 크거든요.

문해력을 다지는 글쓰기 활동

앞에서 지은 별명을 직접 글로 써 보도록 합니다. 글쓰기가 수월한 아이라면 그 별명을 지어 주고 싶은 이유까지 쓰면 좋고, 아직 글쓰기가 수월하지 않은 아이라면 상대방의 모습을 그린 뒤 별명만 덧붙여 줘도 됩니다.

아직 한글을 쓰지 못하는 유아라면 상대방의 모습을 아이가 직접 그리도록 한 뒤, 아이가 생각한 별명을 엄마가 대신 써 주세요.

장애인 입장 이해하기

휠체어는 내 다리

프란츠 요제프 후아이니크 글 | 베레나 발하우스 그림 | 김경연 옮김 | 주니어김영사

이 책의 주인공 마르기트는 다리를 쓰지 못하는 장애인입니다. 그래서 휠체어를 다리 삼아 살아가고 있지요. 장애인이어서 몸이 불편해도 다른 사람 도움 없이 자기 할 일을 혼자서 척척 해내는 것을 좋아합니다.

하지만 시간은 좀 걸리는 편이에요. 맨 첫 장에서부터 그 사실을 알 수 있어요. 첫 번째 장에서 잠에서 깨 옷을 입기 시작하는 시간이 7시인데, 옷을 다 입는 시간은 9시니까 보통 사람들보다 아주 많은 시간이 걸리는 편이지요. 마르기트는 왜 7시에 옷을 입기 시작했는데 9시가 돼서야 옷을 다 입었을까에 대해 생각해 보는 것으로 장애인 이해하기를 시작하면 좋을 듯합니다.

마르기트가 엄마의 심부름을 하기 위해 처음으로 혼자 슈퍼마켓에 가면서 본격적으로 이야기가 시작돼요. 슈퍼마켓에 가는 길에 마르기트는 마음이 불편해지는 여러 가지 경험을 해요. 처음 보는 많은 사람들이 자신에게 인사를 건네는 것도 불편했고, 자신을 한참 쳐다보는 사람들의 눈길도 불편했어요. 벤치에 앉아 있던 할머니 할아버지가 불쌍해하는 것도 불편했고, 슈퍼마켓에서 이것저것 도와주려고 하는 점원도 불편했지요. 왜냐하면 마르기트는 자신이 다른 아이들과 똑같다고 생각하거든요. 자신을 특별하게 대해 주려는 사람들이 불편한 겁니다.

한 여자아이가 마르기트가 타고 있는 휠체어를 가리키며 이게 뭐냐고 물었다가 엄마한테 그런 말을 하면 어떡하냐는 꾸중을 듣는 장면을 보면서 저도 반성한 바가 있습니다. 아들이 예닐곱 살 때쯤 휠체어를 타고 가는 장애인 아주머니를 보고 "아줌마는 왜 아기도 아닌데 유모차를 타고 다녀요?"라고 물은 적이 있어요. 그때 저는 정말 어쩔 줄 몰라하며 아주머니께 죄송하다고 사과한 뒤, 아이를 억지로 데려가면서 그런 말 함부로 하면 안 된다고 주의를 줬거든요.

그때 그 아주머니도 마르기트처럼 마음이 안 좋았겠지요? 저는 왜 그때 아주머니가 제 아들에게 "이것은 다리가 불편한 사람이 타고 다니는 휠체어라는 거야."라고 대답해 줄 기회를 빼앗았을까요? 진심으로 반성합니다.

마르기트의 행동을 통해 우리는 장애인들이 특별한 보호를 바라거나 과한 도움을 반가워하지 않는다는 사실을 깨닫게 됩니다. 장애인들을 보면 어쩔 수 없이 우리는 측은한 마음을 갖게 돼요. 그래서 자꾸 쳐다보게 되고, 뭔가 도움을 주고 싶어 하지요. 아무래도 장애인은 보호와 도움이 필요한 사람들이라는 인식이 강하기 때문일 거예요.

그런데 장애인들이 진짜 바라는 것은 평범하면서도 주체적으로 살아가는 삶이었네요. 사람들이 휠체어를 타고 다녀도 그것을 주목해서 쳐다보지 않고, 장애에 대한 이야기도 부담 없이 나누고, 불쌍하다고 생각해서 동정의 대상으로 삼지 않기를 바라고 있어요. 또 자신이 충분히 할 수 있는 일은 굳이 도우려 하지 말고, 혼자의 힘으로 하는 것이 불가능할 때 도움을 주기를 바라고 있지요. 이 부분을 읽으면서는 반드시 장애인들을 진짜 도울 수 있는 바람직한 방법들에 대해 이야기를 나누어야 합니다. 이 책의 핵심이니까요.

또한 이 책은 장애를 갖고 있는 사람에게 들려주고 싶은 점에 대해서도 이야기하고 있습니다. 장애인이 보통 사람들과 다른 점이 있는 건 분명하잖아요. 혼자서 많은 걸 할 수 있지만 그래도 가끔 도움이 필요할 때가 있습니다. 그때는 주변 사람들에게 도움을 요청하면 훨씬 빠르고 확실하게 문제점을 해결할 수 있다는 점을 알려 줘요.

아마도 그것은 이 책을 쓴 작가가 장애인이기 때문에 실제 경험을 통해 깨달은 바가 아닐까요? 실제로 이 책의 작가 프란츠 요제프 후아이니크는 두 다리를 쓰지 못해 휠체어를 타고 다니는 장애인이에요. 그래서 그런지 『휠체어는 내 다리』, 『손으로 말해요』, 『내 친구는 시각장애인이에요』와 같은 그의 작품 속에는 장애인들이 주인공으로 등장합니다.

우리나라에서는 고정욱 작가가 장애인이 주인공으로 등장하는 작품을 많이 발표하고 있는데 이 작가 역시 두 다리를 쓰지 못하는 장애인이에요. 이 책의 작가도 고정욱 작가처럼 실제 장애인의 입장에서 작품을 써서 그런지, 장애인에 대해 우리가 알지 못했던 부분을 느끼고 깨닫게 해 주네요.

문해력을 키우는 추론 활동

'우리는 모두 잠재적 장애인이다.'라는 말이 있습니다. 어느 날 갑자기 사고를 당해 장애가 생길 수도 있고, 나이가 들면서 몸의 일부분을 원활하게 사용하지 못하는 상황이 발생할 수도 있거든요. 실제로 장애인 중에서 후천적인 원인에 의해 장애가 발생하는 경우가 많습니다. 아이와 함께 '우리는 모두 잠재적 장애인이

다.'라는 말의 의미를 되짚어 보면서 장애인에 대한 올바른 인식을 갖는 계기를 마련해 보세요.

 문해력을 다지는 글쓰기 활동

장애인에 대해 잘못 표현하고 있는 단어들이 참 많습니다. 장애인에 대한 잘못된 표현을 바로잡는 활동을 해 보세요.

(×)	(○)
장애자, 장애우	장애인
정상인	비장애인
맹인, 장님	시각 장애인
농아	청각 장애인
벙어리	언어 장애인
절름발이, 지체 부자유자, 난쟁이	지체 장애인
저능아, 정신 지체자	지적 장애인, 발달 장애인

  아직 한글을 쓰지 못하는 유아라면 이야기를 나누는 것으로 마무리하면 됩니다.

규칙의 중요성 알기

규칙이 왜 필요할까요?

서지원 글 | 이영림 · 박선희 · 권오준 그림 | 한림출판사

아이들은 규칙을 지키기 힘들어하지요. 규칙을 지켜야겠다는 마음가짐은 있지만, 자꾸 규칙을 잊어버리거나 규칙을 지키는 게 귀찮거나 당장 다른 것을 하고 싶은 욕구 때문에 마음가짐이 무너져 버리기도 합니다. 그런데 아이들이 규칙을 지켜야 하는 이유를 안다면 조금 더 신경 써서 규칙을 지키려고 노력하지 않을까요?『규칙이 왜 필요할까요?』를 통해 규칙의 비밀을 하나하나 풀어나가 보도록 해요.

이 책은 '규칙이 왜 필요할까요?', '잘못된 규칙도 지켜야 할까요?',

'어쩔 수 없이 규칙을 어겼다면 어떻게 해야 할까요?', '서로 규칙이 다를 때는 어떻게 해요?' 이렇게 크게 4장으로 나누어 질문에 대한 해답을 제시해 줘요. 각 장마다 아이들의 눈높이에 알맞은 사례들을 제시하여 쉽고 재미있게 설명해 줍니다. 책을 읽는 중에 콘스탄티누스 황제, 프로메테우스, 걸리버를 만날 수 있는 것은 아주 근사한 보너스예요.

각 장의 내용이 서로 이어져 있지 않고 규칙의 각기 다른 부분에 초점을 맞춰 접근하기 때문에 한 권의 책을 한꺼번에 다 읽어 주기 힘들다면 장별로 따로따로 읽어 줘도 좋을 것 같아요. 하지만 한번 읽기 시작하면 멈추기 힘들 거예요. 정말 재미있거든요.

1장은 규칙의 필요성에 대해서 설명하고 있어요. 특히 아이들이 지켜야 할 규칙에 초점이 맞춰져 있지요. 책의 내용을 쭉 읽다 보면 아이들은 자연스럽게 규칙을 왜 지켜야 하는지 깨닫게 될 거예요. 규칙이 나를 구속하려는 것이 아니라 나를 보호하기 위한 것이라는 사실을 깨닫게 된다면 앞으로 규칙을 지키기 위해 더욱더 노력하지 않을까요?

도입 부분 중에서 "어른이 지켜야 할 규칙, 아이가 지켜야 할 규칙이 있지."라는 말풍선 내용에 집중해 보면 좋을 것 같아요. 아이와 함께 어른이 지켜야 할 규칙과 아이가 지켜야 할 규칙에는 어떤 차이점이 있는지에 대해 이야기 나눈 뒤, 엄마는 어른이 지켜야 할 규칙 중에서 특히 지키기 힘든 규칙에 대해 솔직하게 털어놓고 아이는 아이가 지켜야 할 규칙 중에서 특히 지키기 힘든 규칙을 허심탄회하게 털어놓는 시간을 갖는 거예요. 그러면서 규칙을 지키는 과정은 좀 귀찮을 수도 있겠지만, 서로가 잘 지키기 위해 노력해야 한다는 점을 상기시켜 주세요.

2장을 함께 읽고 나서는 아이의 주변에서 잘못된 규칙이라고 생각되는 것들이 있는지에 대해 이야기 나누면 됩니다. 아이가 잘 떠올리지 못한다면 "학교에서 지켜야 할 규칙 중에서는 잘못된 규칙이라고 생각하는 것이 없니? 친구들끼리 정해 놓은 규칙 중에서는? 학원이나 우리 집에서 지켜야 할 규칙 중에는 없을까?"라고 질문해서 아이가 범위를 넓혀 생각해 볼 수 있도록 도와주세요.

3장을 아이와 함께 읽은 뒤에는 아이가 가정에서 지키기로 약속한 규칙을 어쩔 수 없이 어겼을 때 어떻게 하면 좋을지에 대한 대책을 세워 보세요. 구체적인 대책이면 더욱 좋겠습니다. 예를 들어 '삼진아웃제'를 활용해 세 번 안 지킨다면 게임하는 시간 1시간 줄이기와 같은 벌칙을 만들어 보는 거예요. 이때 중요한 것은 아이가 충분히 동의한 벌칙이어야 한다는 점이에요. 그래야 아이가 책임감을 갖고 지켜 나갑니다. 아이가 스스로 벌칙을 정한다면 더욱 효과적이고요. 이것은 아이를 벌주기 위한 활동이 아니라, 약속한 것에 대해 책임감을 갖고 스스로 지켜 나갈 수 있도록 하기 위한 활동이니까요.

4장의 내용은 아이의 일상생활에서 구체적인 사례를 찾기 어려운 주제예요. 그래서 4장은 재미있게 읽어 주는 것만으로도 충분합니다. '걸리버 여행기'는 누구에게나 흥미로운 이야기이고, 게다가 '서로 규칙이 다를 때는 어떻게 해요?'라는 주제에 딱 알맞은 에피소드를 쏙 뽑아냈기 때문에 아이의 수렴적 사고력을 키우는 데 도움이 될 수 있어요.

문해력을 키우는 추론 활동

과거에 논란이 있었던 규칙들을 찾아보면서 그것이 잘못된 규칙일지 그렇지 않은 규칙일지, 잘못된 규칙이라고 생각되면 왜 그렇게 생각하는지 이야기를 나누어 봅니다. 예를 들어 과거에 밤 12시를 통금 시간으로 정해 그 시간을 넘기면 처벌했던 규칙이라던가, 남학생들의 머리는 빡빡머리로 해야 하고 여학생들의 머리는 짧은 단발로 해야 했던 규칙 등에 대해 알려 주고 그것에 대한 아이의 생각을 들어 보면 됩니다.

문해력을 다지는 글쓰기 활동

앞에서 이야기 나눈 내용 중에 '어쩔 수 없이 규칙을 어겼을 때 수행해야 하는 벌칙'을 계약서 형태로 만들어 봅니다. 아무래도 말로만 하는 것보다 계약서 형태로 만들어 서명까지 한다면 어깨가 더 무거워질 거예요. 그 김에 아이에게 계약서가 무엇인지, 어느 때 계약서가 필요한지, 계약서 내용을 지키지 않으면 어떻게 되는지 정확하게 알려 주면 더욱 좋겠지요. 만약 아이에게 아직까지 사인이 없다면 이번 기회에 한번 만들어 보는 것도 재미있는 활동이 될 수 있어요.

아직 한글을 쓰지 못하는 유아라면 당연히 아이의 생각을 엄마가 글로 옮겨 계약서를 대신 만들어 줘야 해요. 하지만 서명을 하는 것은 아이의 몫으로 남겨 주세요.

민주주의의 의미 알기

마음대로가 자유는 아니야

박현희 글 | 박정섭 그림 | 웅진주니어

우리나라는 민주주의 국가입니다. 그래서 아이들도 민주주의라는 말에 꽤 익숙한 편이지요. 하지만 민주주의라는 말을 정치할 때 필요한 것이라고 생각하는 탓에 아이들이 그 의미에 대해 정확히 모르고 있는 것도 사실입니다. 민주주의는 정치뿐만 아니라 우리가 살아가는 일상생활 속에서도 꼭 필요합니다. 우리 일상생활도 민주적으로 이루어진다면 누구 하나 불행해지고 손해 보는 일이 없을 테니까요.

『마음대로가 자유는 아니야』는 아이들이 민주주의의 의미를 쉽게 이해할 수 있도록 실감 나는 사례를 통해 설명합니다. 만화 식의 유쾌한 일러스트도 아이들이 민주주의라는 어려운 개념을 쉽게 이해하는 데 한몫합니다.

민주주의에 대해 이해하기 위해서는 무엇보다 '공평'이 무엇인지 잘 알아야 하겠지요. 민주주의 기본 이념 중 하나가 바로 '평등'인데, 무엇이 평등한 것인지에 대해 쉽게 알려 주기 위해 평등의 기초가 되는 공평함에 대해 아주 구체적으로 알려 줘요. 예를 들어 가족이 함께 있는 주말에 엄마만 일하고 다른 가족은 편히 쉬는 건 공평한 것이 아니라는 사실을 일깨워 줍니다. 일할 때 서로 도와 가며 함께 일하고, 쉴 때는 다 같이 쉬는 것이 공평한 상황이잖아요.

하지만 대부분의 가정에서는 주말 집안 풍경이 공평하지 못할 것입니다. 아빠는 TV 보고 아이들은 노는 데 엄마만 설거지를 하고 있다면 이것은 완전히 불공평한 일이지요. 이런 부분에 대해서 아이와 함께 이야기를 나누어 보면서 공평의 진정한 의미를 일깨워 주세요.

그렇다고 엄마가 설거지를 할 때 우르르 몰려서 다 함께 설거지를 해야만 공평하다는 건 아닙니다. 공평이란 능력과 체력을 고려해서 서로 잘할 수 있는 것을 책임지고 맡아 하는 것입니다. 아빠가 20kg 쌀을 나른다고 5세 아이에게도 20kg 쌀을 나르라고 하면 안 되니까요. 아이에게 공평의 정확한 의미를 알려 준 다음, 우리 집에서 벌어지고 있는 불공평한 상황을 공평하게 바꾸기 위해 가족이 어떤 점을 노력해야 할지 함께 꼼꼼하게 계획을 세워 보세요.

민주주의의 상징과도 같은 '자유'의 진정한 의미에 대해서도 알아야 합니다. 우리는 자유로울 수 있는 권리가 있지만 이 책의 제목처럼 내 마음대로 하는 것이 자유가 아니에요. 다른 사람을 괴롭히거나 멀쩡한 물건을 망가뜨리는 것은 절대로 자유가 아닙니다. 자유는 타인에 대한 배려가 뒷받침되어야 해요. 또 내가 해야 할 일을 해야 진정한 자유를 누릴 수 있게 됩니다. 예를 들어 아이들에게는 마음대로 놀 수 있는 자유는 있지만 그전에 미리 숙제는 해야 하고 다 논 다음에는 어지른 것을 치워야 하지요.

우리 아이는 지금 진정한 자유를 누리며 살아가고 있을까요? 책을 읽고 나면 나의 경험을 떠올려 보면서 비교하고 반성하고 다짐하고 계획하는 데까지 이어지면 좋은데, 이 책은 더더욱 그렇습니다. 그동안 진정한 자유를 누리고 있었는지, 그렇지 않았다면 어떤 점이 부족했는지, 앞으로 어떻게 하면 좋을지에 대해 아이와 함께 이야기 나누어 보세요.

민주주의에서는 다름을 '인정'하는 것도 중요합니다. 누구나 잘하는 것이 있으면 못하는 것도 있게 마련인데, 못하는 것에 초점을 맞춰 상대방을 비난하는 것은 바람직하지 않지요. 예를 들어 원숭이에게 왜 수영을 못하냐고 비난하거나 물고기에게 왜 짖지 못하냐고 비난하면 얼마나 바보 같겠어요. 각자의 개성을 존중하여 서로가 행복할 수 있는 방향을 찾는 것이 진짜 민주주의가 아닐까 싶어요.

책을 읽고 서로 인정받기를 원하는 부분에 대해 이야기 나누면 좋습니다. 예를 들어 "엄마, 나는 남자는 핑크색 옷이 안 어울린다는 말이 싫어요. 나는 핑크색 옷이 좋으니까 내 취향을 인정해 줬으면 좋겠어요.", "○○야, 엄마는 산에 올라가는 것이 너무 힘들어서 너와 아빠가 주말마다 등산하자고 할까 봐 무서워. 등산은 둘이 하고 그동안 엄마는 좋아하는 음악 감상하고 있을게."라고 말하면 됩니다. 아마도 서로를 더욱 이해하고 존중하는 기회가 될 거예요.

 문해력을 키우는 추론 활동

아이가 민주주의의 개념을 이해했는지 질문을 통해 확인해 보면 어떨까요? 만약 가장 친한 친구의 초대를 받아 즐거운 마음으로 친구 집에 갔는데, 도착해 보니 나 말고 친구 두 명이 더 초대를 받아 친구네 집에 와 있었다고 가정하는 거예요. 네 명의 친구가 모여 맛있는 피자랑 치킨을 먹고 나서 서로 무엇을 하고 놀지에 대해 의논을 했는데, 어떤 친구는 놀이터에 나가서 숨바꼭질을 하자고 하고, 한 친구는 집에서 게임을 하자고 하고, 한 친구는 자전거를 타고 싶다고 하고, 또 한 친구는 책을 읽고 싶다고 한다면 과연 어떻게 하는 것이 가장 좋을지 아이의 의견을 들어 보세요.

문해력을 다지는 글쓰기 활동

아이에게 '불공평 노트'를 쓰라고 해서 일주일에 한 번씩 엄마 아빠와 함께 보는 시간을 가져 보세요. 무엇이든지 머릿속에 떠오르는 내용을 말이나 글로 표현해 보는 것은 문해력을 향상하는 데 큰 도움이 됩니다. 그런데 왜 하필 왜 '불공평 노트'냐고요? '공평 노트'면 더 좋을 텐데 말이지요.

아마도 아이들은 '공평 노트'보다는 '불공평 노트'를 더 열심히 쓰게 될 것입니다. 공평한 상황은 매우 만족스럽기 때문에 따로 뭔가를 써서 기록해 둘 절실함을 못 느낄 테지만, 불공평한 상황이 닥치면 불만스럽고 섭섭한 감정을 꾹꾹 담아 엄마 아빠에게 기꺼이 따져 묻고 싶어 할 테니까요.

아직 한글을 쓰지 못하는 유아라면 이 활동은 어려우니 조금 더 기다렸다가 초등학교에 들어갈 정도가 되면 시도해 주세요.

투표의 의미와 가치 알기

나도 투표했어!

마크 슐먼 글 | 세르주 블로크 그림 | 정회성 옮김 | 토토북

아이들은 투표에 대해 이미 잘 알고 있습니다. 성숙한 민주 시민의 역할을 다하고 있는 엄마 아빠를 따라서 투표장에 가본 적이 있을 테니까요. 투표가 무엇이고 어떻게 하는 것인지까지는 알고 있을 것 같은데, 투표의 필요성과 의미, 가치에 대해서는 아직 잘 모를 거예요. 『나도 투표했어!』를 통해 미래의 민주 시민이 될 아이와 투표에 대해 좀 더 깊이 있는 대화를 나눠 보세요. 아이들의 눈높이에 맞춰 아주 쉽고 간결하게 설명하고 있습니다.

이 책은 '선택'에 대한 이야기로 시작됩니다. 우리는 무언가를 혼자서 선택해야 할 때도 있고, 여럿이서 선택해야 할 때도 있다는 사실을 알려 줘요. 이 부분에서는 혼자서 선택해야 하는 것과 여럿이서 선택해야 하는 것에는 무엇이 있는지 이야기를 나누어 보면 좋습니다. 책에서는 엄마가 뽀뽀해 준다고 할 때 허락과 거절은 혼자 선택할 수 있는 문제이고, 우리 반 이름을 토끼반으로 정할지 거북이반으로 정할지는 친구들이 다 함께 선택해야 하는 문제임을 예로 들고 있어요.

이 중에서 투표가 필요한 경우는 과연 어느 때일까요? 당연히 후자겠지요. 후자의 사례를 통해 투표가 무엇인지 정확하게 설명해 줍니다. 원치 않은 것이 뽑혀도 승복해야 한다는 점, 내가 원하는 것이 뽑히게 하고 싶으면 주변 사람들을 설득해야 한다는 점도 알려 줘요.

투표가 단지 무리를 대표하는 사람을 뽑는 것만이 아니라, 이렇게 일상생활에서도 여러 사람의 의견을 하나로 모을 때도 아주 유용하게 활용될 수 있다는 사실부터 알려 주는 것이 참 흥미롭습니다. 아이들에게는 투표에 대해 국민의 대표인 대통령이나 국회의원을 뽑는 과정이라고 가르쳐 주기보다, 일상생활에서 다 함께 의견을 모아 더 나은 방향을 선택할 때 필요한 것이라고 가르쳐 주는 것이 더 효과적인 것 같아요. 아이들이 더 쉽고 빠르게 이해하더라고요.

투표는 우리 주변에서 매우 자주 일어나는 이벤트예요. 가족여행을 어디로 갈지, 외식 메뉴를 무엇으로 정할지, 강아지에게 어떤 이름을 지어 줄지 결정하는 것 모두 투표잖아요. 아이와 함께 우리 주변에서 투표가 이루어지는 경우를 많이 많이 찾아보세요. 꼭 투표용지를 투표함에 넣는 진짜 투표가 아니더라도, 대화를 통해 서로의 의견을 수렴하는 과정이 동반되는 모든 경우를 찾아보는 거예요.

물론 서로의 의견을 수렴할 때 다수결에 의해 공평하게 결정되는 경우만 해당돼요. 서로 의견을 나누다가 아빠가 짜증을 부려서, 엄마가 고집을 부려서, 아이가 졸라대서 억지로 그쪽 의견을 따랐던 경우라면 그건 투표가 아니니까요. 만약 그런 경험이 있다면 그때 이야기를 나누면서 잘못된 점에 대해 반성하는 시간을 가져 보세요. "지난 휴가 때 다들 워터파크 가고 싶어 했는데, 엄마가 바다 보고 싶다고 바다에 가자고 고집부렸잖아. 그건 공평한 일이 아니었네. 미안해." 정도로 이야기하면 됩니다.

아이에게도 그런 경험은 있을 거예요. 만약에 아이가 잘 생각이 안 난다고 한다면 엄마가 힌트를 주는 것도 좋습니다. "지난주에 아빠는 칼국수 먹고 싶다고 했고 엄마는 족발 먹고 싶다고 했잖아. ○○이는 치킨 먹고 싶다고 했고. 그런데 네가 치킨 먹자고 징징거리는 바람에 엄마 아빠는 그냥 네가 원하는 대로 맞춰 줬지. 네가 원하는 것이 뽑히기를 원했다면 징징거릴 것이 아니라 엄마 아빠가 마음을 바꿀 수 있도록 설득했어야 공평한 건데."라고 이 책의 내용과 아이의 경험을 잘 조화시키면 깨달음을 얻는 시간으로 만들 수 있어요.

책의 맨 뒤에는 우리가 보통 알고 있는, 그러니까 국민의 대표를 뽑는 선거와 투표에 대해 자세히 알려 줍니다. 투표가 무엇이고 선거가 무엇인지와 같은 아주 기본적인 내용뿐만 아니라, 왜 모두 한 표씩만 투표할 수 있는지에 대해서도 알려 주고 있어요. 이 부분에 대해 이야기하면서 예전에는 여자에게 투표권이 없던 때도 있었고, 부자에게는 투표권이 여러 장 있던 때도 있었다는 이야기를 들려주세요.

그다음 아이에게 "세금을 많이 내는 부자에게 더 많은 투표권을 주는 것에 대해 어떻게 생각해?"라고 질문을 던져 보세요. 엄마가 원하는 대답을 하지 않는다고 절대로 고쳐 주거나 채워 주려고 하면 안 됩니다. 그것은 절대로 토론이 될 수 없어요. 다만 아이가 좀 더 폭넓게 생각해 보기를 원한다면 질문을 통해 아이가 생각을 확장해 나갈 수 있도록 도와주면 됩니다. 마찬가지로 부족한 부분도 일방적으로 채워 주려고 할 것이 아니라 부족한 부분을 채울 수 있는 질문을 해야 합니다.

예를 들어 아이가 세금을 많이 내도 똑같이 한 표씩 주어지는 게 공평한 것이라고 대답했다면, "우리가 백화점에서 물건을 많이 사면 VIP 고객이 되고 많은 혜택을 받을 수 있거든. 그럼 세금을 많이 내는 사람한테도 나라에서 어떤 특별한 혜택을 줘야 하지 않을까?"라고 질문해 보는 거예요. 자신이 미처 생각하지 못한 다른 측면이 있다는 사실을 깨달은 아이는 색다른 생각의 날개를 펼칠 수 있을 거예요.

문해력을 키우는 추론 활동

이 책을 통해 아이가 투표가 무엇인지, 선거가 무엇인지 정확히 알았을 거예요. 그렇다면 엉뚱한 질문을 한 번 건네 볼까요? 아이에게 투표권이 있고, 내일 당장 다음 후보 4명 중에서 대통령을 뽑는다면 누구를 뽑고 싶은지 질문해 보세요.

    1. 이순신 장군 2. 세종대왕 3. 김구 4. 방정환

만약 아이가 후보군에 오른 인물들이 어떤 업적을 세웠는지 모른다면 미리 알려 줘야 하고, 아이가 어느 한 명을 뽑았다면 반드시 그 인물을 뽑은 이유를 물어보면서 이야기를 나눕니다. 아이의 관심사에 따라 후보군은 당연히 교체할 수 있습니다. 그다음 엄마는 어떤 사람을 뽑고 싶은지와 그 이유를 아이에게 들려주세요. 아주 훌륭한 추론 시간이 될 것입니다.

문해력을 다지는 글쓰기 활동

앞에서 자신이 대통령이 되었으면 좋겠다고 선택한 후보를 위해 선거 포스터를 만들어 봅니다. 인터넷을 검색하면 다양한 선거 포스터들이 나오므로 아이와 함께 찾아보면서 선거 포스터의 특

징을 파악할 수 있어요. 또한 선거 포스터에는 홍보 문구와 경력 사항 등이 들어가야 하는데, 이런 내용들을 정리하면서 그 위인에 대해 더 깊이 이해하는 시간을 가질 수 있을 거예요.

아직 한글을 쓰지 못하는 유아라면 엄마와 함께 내용을 채워 나가면 됩니다.

국기에 담긴 의미 알기

온 세상 국기가 펄럭펄럭

서정훈 글 | 김성희 그림 | 웅진주니어

아이들은 국기에 관심이 많아요. 어느 나라의 국기가 어떤 모양인지
를 어른보다 더 잘 아는 아이도 많답니다. 이 책은 단순히 국기의 모
양뿐만 아니라 국기에 담긴 역사적 사실, 지리적인 특색, 자연환경, 종
교, 전설에 대해서도 알려 주어 그 나라의 정서를 이해하는 데 큰 도
움이 됩니다. 당연히 태극기에 담겨 있는 의미와 태극기가 탄생한 배
경에 대해서도 잘 나와 있어요.

한 장 한 장 넘기면서 나라마다 국기에 어떤 특징들이 있는지 살펴

보기만 해도 매우 즐거운 시간을 보낼 수 있어요. 만약 아이가 특정 국기를 보면서 자신이 알고 있는 국기라고 반응한다면 언제, 어떻게 알게 되었는지 질문하면서 아이의 흥미를 더욱 돋워 주세요.

책을 처음부터 끝까지 다 살펴보았다면 아이에게 『온 세상에 국기가 펄럭펄럭』은 어떤 책이야?"라고 물어봐 주세요. 매우 단순한 질문 같지만 사실 이런 질문에 만족스러운 대답이 단번에 나오기는 어려워요. '다양한 나라의 국기에 담겨 있는 특징들을 알려 주는 책' 정도는 설명할 수 있어야 합니다. '국기에는 각 나라의 역사적, 환경적, 문화적 특징들이 담겨 있다는 사실을 알려 주는 책' 정도로 더 구체적으로 설명할 수 있으면 좋겠지만, 아직 어린아이들에게는 무리일 거예요. 아이가 이야기하면 엄마가 좀 더 보충하는 식으로 부족한 부분을 채워 주세요.

그런데 아마 많은 아이들이 '다양한 나라의 국기에 담겨 있는 특징들을 알려 주는 책' 정도로도 대답하지 못할 거예요. 그냥 단순히 '국기에 대한 책', '어떤 나라의 국기가 어떤 모양인지 알려 주는 책', '특이한 국기를 소개하는 책' 정도에 머무르는 경우가 많더라고요. 자신의 생각과 느낌을 정확하고 구체적으로 표현해 본 경험이 많지 않기 때문인데요. 훈련으로 충분히 채워 나가고 발전시킬 수 있어요. 그래서 책을 읽고 나서 엄마와 함께 이야기를 나누는 시간이 중요한 것이고요.

아이가 '국기에 대한 책' 등과 같이 단조로운 대답을 한다면 엄마가 "조금만 더 자세히 생각해 볼까? 이 책에 어떤 내용들이 나왔지?"라고 질문하면서 좀 더 생각을 다듬어 나갈 수 있도록 도와주세요. 다듬은 생각을 정확하게 표현할 수 있도록 충분히 기다려 주고, 그것을 해냈다면 긍정적인 피드백을 줘서 아이가 성취감을 느낄 수 있도록 해 주세요. 이런 과정을 통해 아이들은 공부에 대한 자기 효능감을 키워 나갑니다.

마지막으로 아이에게 "이 책에서 가장 기억에 남는 국기가 뭐였어?"라는 질문을 건네 보세요. 이때 중요한 것은 어떤 국기를 선택하는지가 아니라, 그 국기를 선택한 이유입니다. 자신이 그 국기를 선택한 이유를 아주 구체적으로 설명할 수 있어야 해요. 예를 들어 네팔 국기가 가장 기억에 남는다고 골랐다면, "다른 국기는 다 네모 모양인데 네팔 국기만 삼각형을 두 개 합쳐 놓은 모양이라 신기했어요. 네팔은 높은 산이 많아서 두 개의 산을 쌓아 올린 모양으로 국기를 만들었다고 하니 국기와 네팔의 자연환경이 아주 잘 어울린다고 생각해요."라고 구체적으로 설명할 수 있도록 도와주세요. 이런 이유로 많은 아이가 네팔 국기를 선택하는 편입니다.

제 수업에서 멕시코 국기를 선택한 아이가 있었는데, 국기를 그려야 할 때 멕시코 국기는 너무 그리기 힘들 것 같아서 기억에 남는다고 이유를 설명했어요. 저도 동의하며 멕시코 국기는 그리기 너무 힘들어서, 독수리가 뱀을 물고 있는 부분은 선생님이 스티커를 줘야 할 것 같다고 하자 아이가 무릎을 딱 치면서 좋아했습니다. 일방적인 질문과 대답이 아니라 서로 대화를 하면서 책 내용을 이해하는 시간을 가지면 아이가 아주 즐거워할 거예요.

문해력을 키우는 추론 활동

이 책을 통해 각 나라의 국기에는 그 나라의 종교나 역사, 또는 자연이나 위치 등의 의미가 담겨 있다는 사실을 알게 되었을 것입니다. 그렇다면 아이와 함께 내가 새로운 나라를 세운다면 국기를 어떻게 만들고 싶은지에 대해 이야기 나누어 보세요. 그 국기에 어떤 의미가 담겨 있는지 말로 설명한 뒤 그것을 직접 그림으로 그려 보도록 하면 더 좋습니다. 국기를 그림으로 그려 보는 것은 아직 한글을 읽고 쓰지 못하는 유아도 충분해 도전해 볼 만합니다.

문해력을 다지는 글쓰기 활동

각 나라의 국기에는 이름이 있습니다. 우리나라 국기에는 가운데 태극 모양이 있어서 '태극기'라고 불리고요, 50개의 별이 담겨있는 미국의 국기는 星(별 성) 자를 넣어 '성조기'라고 부릅니다.

또 금색과 초록색이 잘 어우러져 있는 브라질 국기는 '금록기'라고 부르지요. 빨간 바탕에 5개의 노란 별이 있는 중국 국기는 '오성홍기', 파란색 하늘에 흰색 해가 떠 있는 대만의 국기는 '청천백일기'라는 이름을 가지고 있어요.

이처럼 아이가 그린 국기의 모양을 잘 설명할 수 있는 이름을 지은 뒤 직접 국기에 이름을 써넣는 활동을 해 보세요. 아직 한글을 쓰지 못하는 유아라면 이름 짓기를 어려워할 수 있으니, 엄마가 함께 의논하여 지어 보고 그것을 엄마가 대신 써 주면 됩니다.

문화의 다양성 존중하기

샌드위치 바꿔 먹기

라니아 알 압둘라 왕비 · 켈리 디푸치오 글 | 트리샤 투사 그림 | 신형건 옮김 | 보물창고

셀마와 릴리는 함께 그림을 그리고 함께 그네를 타고 함께 줄넘기를
하고 함께 점심을 먹을 정도로 가장 친한 친구 사이였어요. 하지만 샌
드위치로 인해 서로 헐뜯고 미워하는 사이로 바뀌었답니다. 샌드위치
가 무슨 잘못을 저지른 것일까요?

함께 놀 때는 마음이 아주 잘 맞았지만, 사실 둘 사이에는 진작부
터 갈등의 싹이 피어오르고 있었습니다. 바로 릴리가 매일 점심으로

먹는 땅콩버터 잼 샌드위치와 셀마가 매일 점심으로 먹는 후무스 샌드위치 때문인데요. 서로의 샌드위치가 괴상하게 보이고 역겹다고 생각을 해 오던 중 더 이상 참을 수 없게 된 릴리가 먼저 후무스의 샌드위치가 구역질 나게 생겼다고 말하자, 셀마도 기다렸다는 듯이 땅콩버터 잼 샌드위치도 역겨워 보인다고 받아치면서 둘의 우정에 완전히 금이 가 버렸답니다.

둘의 싸움은 서로를 지지하는 친구들의 사이도 반으로 갈라놓았고, 결국 학교 식당에서 서로의 음식을 마구 던지는 전쟁으로까지 번졌어요. 난장판이 된 식당을 청소하고 교장실로 불려 가는 과정을 거치며 부끄러운 생각이 든 둘은 서로의 샌드위치를 바꾸어 먹어 보면서 서로를 이해하는 기회를 마련합니다.

그런데 이게 웬걸! 직접 먹어 보니 구역질 나고 역겹기는커녕 너무나 맛있는 거예요. 그래서 셀마와 릴리는 교장선생님을 만나서 다양한 나라의 음식을 나누어 먹는 전교 행사를 열자고 제안을 하게 되지요. 전교생이 모여 각 나라의 음식 문화를 체험하는 장면으로 이야기가 끝납니다.

맨 마지막 장면에서 우리의 태극기도 보이는데, 태극기 앞에 놓인 음식이 제가 보기에는 김밥인 듯해요. 아이와 함께 맨 마지막 장면을 보면서 태극기 앞에 놓인 우리나라의 전통 음식이 과연 무엇일지, 그 음식 말고 다른 어떤 음식이었으면 더 좋았을지에 대해 이야기 나누어도 재미있을 것 같아요.

이 책의 작가는 유니세프 특별 대변인으로 세계 어린이들의 복지를 위해 힘쓰고 있는 요르단의 라니아 알 압둘라 왕비입니다. 이 책은 작가가 직접 경험한 일을 바탕으로 썼다고 해요. 유치원 때 엄마가 매일 후무스 샌드위치를 점심 도시락으로 싸 줬는데, 땅콩버터 잼 샌드위치를 먹는 친구를 보고 실제로 역겹다는 생각을 했었대요. 한 번 먹어 보지도 않고 저런 모양, 저런 재료들로 만들어진 샌드위치는 그냥 역겨울 것이라고 판단해 버린 것이지요.

그래서 친구가 먹어 보라고 권했을 때 친구의 기분이 상하지 않게 하려고 마음의 준비를 단단히 한 채 맛을 보았다고 해요. 그런데 정말 최고의 샌드위치 맛이었던 거예요. 그렇게 맛있는 샌드위치를 여태껏 역겨운 샌드위치라고 단정 짓고 있었다니, 참 기가 막힐 노릇 아니겠어요? 그때의 경험이 고스란히 이 책에 담겨 있어요.

이 책의 주제는 작가의 말에 다 나와 있습니다. 새로운 것, 외국 것, 이상한 것과 마주쳤을 때 성급하게 판단을 내리지 말고 서로의 입장을 이해하려고 하면 아주 소중한 것을 배울 수 있다고요. 작가의 경험담을 통해 각 나라마다 고유한 문화가 존재함을 알고, 열린 마음으로 다른 나라의 고유한 문화를 인정하는 계기가 되었으면 좋겠습니다.

이제는 '세계화'라는 말이 무색할 정도로 지구촌이 하나가 되어가고 있잖아요. 이런 시대에 마음의 문을 닫고 다른 문화를 받아들이지 않았다가는 도태되는 삶을 살아갈 수도 있어요. 지금은 문화의 다양성을 인정하여 문화 간 소통이 원활하게 이루어져야 할 때입니다. 만약 아이와 해외여행을 다녀온 경험이 있다면 그 나라에서 먹었던 음식, 그 나라에서 입어 봤던 전통 의상, 그 나라의 고유한 문화를 체험해 볼 수 있었던 장소 등에 대해 이야기 나누면서 각 나라마다 그 나라만의 아름다운 문화가 존재한다는 사실을 알려 주세요.

문해력을 키우는 추론 활동

중국의 전족, 에티오피아의 서마족, 태국의 카렌족은 독특한 모습을 선호하는 문화를 가지고 있습니다. 인터넷 등을 통해 이미지나 동영상을 찾아 이 나라들의 독특한 문화 이야기를 아이에게 들려주세요. 그리고 이 문화에 대해 어떤 생각이 드는지 솔직하게 의견을 나눠 보도록 합니다.

문해력을 다지는 글쓰기 활동

앞에서 이야기 나눈 의견을 글로 써 봅니다. 그냥 머릿속으로 생각하는 것과 그 내용을 말로 표현하는 것, 그리고 그 내용을 다시 글로 표현하는 것은 연결되는 활동인 듯하면서도 개별적인 활동이 됩니다. 생각이 많아도 그것을 말로 표현하는 것에 곤란을 겪을 수 있고, 말로는 잘하는데도 글로 쓰기는 어려워하는 경우도 많아요. 해결 방법은 연습뿐입니다. 생각하고 말하고 쓰는 활동을 꾸준히 연습하다 보면 자연스럽게 그 기능이 발달해요.

아직 한글을 쓰지 못하는 유아라면 말로 표현하는 데서 마무리해도 충분합니다.

인종 간의 다름 존중하기

살색은 다 달라요

캐런 카츠 지음 | 신형건 옮김 | 보물창고

그림을 그릴 때 반드시 필요한 채색 도구인 크레파스나 물감 중에서도 우리의 피부색을 담당하던 것은 보통 '살색'이라고 불렸지요. 그러다가 어느 순간부터 살색이 인종 차별의 주범처럼 여겨지기 시작했어요. 인종마다 다 살색이 다른데, 우리 황인종의 피부색만 살색이라고 부르는 것이 다른 인종에 대한 차별과 편견을 담고 있다는 주장이었어요.

이후 살색은 연주황, 연한노랑분홍 등으로 불리다가 마침내 살구색이라는 이름을 갖게 되었다고 해요. 그럼에도 불구하고 여전히 살구색보다는 살색으로 더 많이 불립니다. 늘 살색으로 불리던 것을 별다른 합의 없이 갑자기 살구색으로 바꾸었으니 그것을 모르고 있는 사람이 많은 탓도 있을 거예요. 하지만 알았어도 여전히 살색이라도 부르는 사람도 많답니다. 왜냐하면 여전히 황인종의 피부색을 살색으로 여기기 때문이지요.

『살색은 다 달라요』라는 책을 읽는다면 그런 생각이 수그러들 듯합니다. 살색이 얼마나 다양한지에 대해 매우 따뜻하면서도 현실감 있게 접근하고 있거든요. 이 책은 서로 다른 인종 간의 살색뿐만 아니라, 같은 인종끼리도 모두 다른 살색을 가지고 있다는 사실을 이야기하고 있어요. 이를 통해 다인종의 '다름'을 인정하는 동시에, '색다름'에는 '색다른 매력'이 있다는 메시지까지 전해 주지요.

이 책의 주인공 레나는 갈색 빛깔의 살색을 가지고 있는데, 그냥 갈색이 아니라 계피 색깔의 피부를 가지고 있다고 표현합니다. 왜냐하면 레나의 주변 사람들도 갈색 피부를 가지고 있는데 색깔이 저마다 조금씩 다 다르거든요. 엄마는 살짝 구운 식빵 색깔이고, 친구 소니아는 땅콩버터 잼 같은 연한 황갈색 피부를 갖고 있어요. 친구 이자벨의 피부는 생일 파티에서 먹었던 컵케이크만큼이나 진한 초콜릿빛 갈색을 띠고 있고요. 당연히 갈색 피부라고 전부 똑같은 갈색을 띠고 있을 리는 없잖아요. 조금씩 다른 갈색 피부를 레나는 익살스러우면서도 섬세하게 잘 표현하고 있어요.

레나의 살색 표현법들을 쭉 읽어 본 뒤, 아이와 함께 가족이나 친구들의 살색을 다양하게 표현하는 활동에 도전해 보세요. 레나처럼 어떤 음식이나 추억이나 사물에 빗대어 살색을 다양하게 표현해 보는 거예요. 예를 들어 아빠의 살색은 우유에 코코아를 한 스푼 넣어 휘휘 저은 색, 엄마의 살색은 딸기맛 요플레 색, 동생의 살색은 잘 익은 바나나 껍질을 깠을 때 나오는 알맹이 색, 나의 살색은 평소에는 밀크티 색이지만 화나면 미숫가루 색 등과 같이 생각나는 대로 자유롭게 표현하면 됩니다.

책 마지막 장면을 보면 레나는 주변 사람들의 얼굴을 그린 뒤 "아름다운 우리들의 빛깔이에요!"라고 말해요. 살색을 '아름다운 빛깔'로 정의한 것이지요. 그렇습니다. 우리 모두의 살색은 전부 다 아름다워요. 그러므로 살색을 가지고 차별을 하거나 편견을 갖는 일은 없어야 할 것입니다.

우리가 어렸을 때까지만 해도 우리 주변에서 다른 살색에 다른 언어를 구사하는 다문화 가정을 만나는 게 흔치 않았는데요. 요즘은 다문화 가정과 더불어 살아가는 일이 일상이 되었습니다. 앞으로 우리 아이들은 다문화 가정과 조화롭게 어우러져 살아가는 데 더더욱 익숙해져야 해요.

황인종의 피부색을 살색이라고 부르는 고리타분한 편견에서 벗어나, 레나처럼 눈에 보이는 모든 것들을 있는 그대로 받아들이는 열린 마음을 갖는 연습을 해야 합니다. 바로 이 책이 그 출발점이 되어 줄 거예요. 아이와 함께 살색을 다양하게 표현하는 경험을 하면서 살색에 대한 인식을 새롭게 만들어 보세요.

문해력을 키우는 추론 활동

아이에게 흑인 노예의 아픈 역사 이야기를 들려주세요. 깊이 있는 이야기까지는 아니어도 3, 4백 년 전쯤에는 미국이랑 유럽의 백인들이 흑인들이 살고 있는 아프리카로 가서 자원들을 약탈하고, 그것도 모자라 흑인들을 노예로 끌고 왔다는 이야기 정도는 아이들도 이해할 수 있습니다.

흑인 노예를 정당화했던 것은 바로 '인종주의'였어요. 인종주의는 더 우월한 인종과 더 열등한 인종이 따로 있다고 보는 이론인데, 백인을 우월한 인종으로 여기고 흑인을 열등한 인종으로 여기면서 흑인을 노예로 삼는 것을 당연시한 것이에요. 아이는 과연 인종주의에 대해 어떻게 생각할까요? 아이에게 너무 어려운 질문일 것 같지만 의외로 자신의 생각을 또박또박 들려줄지도 모릅니다.

문해력을 다지는 글쓰기 활동

크레파스나 물감, 색연필 등과 같은 채색 도구에 포함되어 있는 살구색에 새로운 이름을 붙이는 시간을 가져 봅니다. 이 책에서 갈색을 다양하게 표현해 본 것처럼, 살구색을 좀 더 따뜻하면서도 섬세한 이름으로 바꿔 보는 거예요. 바꾼 이름을 종이나 스티커에 써서 채색 도구에 붙여 놓으면 아이에게 더 깊은 인상을 남길 수 있습니다.

아직 한글을 쓰지 못하는 유아라면 아이의 생각대로 엄마가 글자를 써서 채색 도구에 붙여 주세요.

꿈이 있는 아이로 키우기 위해서는 꿈의 가치부터 알려 줘야 해요. 어린아이들에게 꿈이란 너무 막연해서 마음에 와닿지 않을 수 있거든요. 게다가 어른들이 '꿈=좋은 직업'이라는 잘못된 인식을 심어 줘서 소중하고 아름다운 꿈의 가치가 많이 훼손되고 있어요.

엄마랑 4장의 책을 읽다 보면 아이는 진정한 꿈이 무엇인지 깨닫고 문해력도 쌓을 거예요. 더불어 자신의 정체성을 확인할 수 있는 꿈을 찾을 수 있기를 바라요.

04 *

엄마랑 책 읽고 문해력 수업 · 3

꿈의 소중함을
깨달아요!

꿈의 소중함 알기

작은 눈덩이의 꿈

이재경 지음 | 시공주니어

작은 눈덩이가 사는 곳은 눈밭이지만, 그 눈밭이 전혀 차갑다는 느낌이 들지 않을 정도로 따뜻한 그림과 내용이 담겨 있는 책이에요. 어느날 작은 눈덩이 앞에 아주아주 큰 눈덩이가 떡하니 나타났는데, 그때부터 작은 눈덩이는 구르면서 자신도 큰 눈덩이가 되겠다는 꿈을 꿔요. 꿈을 이루는 과정이 너무 기특하고 사랑스러워서 절로 응원을 하게 됩니다.

작은 눈덩이가 큰 눈덩이가 되기 위해 거치는 모든 과정은 우리가 꿈을 이루는 과정과 아주 많이 닮아 있습니다. 꿈을 향해 나아가다 보면 크고 작은 난관에 부딪치게 마련이잖아요. 작은 눈덩이도 숲길에서 나무를 피해 구르기도 하고, 또 비탈길에서는 속도가 빨라져 눈밭에 묻혀 머리에 나뭇가지가 박히기도 하지요.

난관을 만나면 두렵고 지쳐서 꿈을 포기하고 싶어집니다. 하지만 이런 난관들을 피하려고만 한다면, 또는 이런 난관이 힘겨워서 꿈을 포기한다면 나약하고 무기력한 존재가 되고 말지요. 난관은 우리를 강하게 단련해 주는 아주 중요한 역할을 해요. 그래서 당당히 맞서서 이겨 내야 합니다. 이런 이야기를 아이와 함께 나누면 큰 교훈이 될 거예요.

너무 추상적으로, 너무 철학적으로 이야기하면 당연히 아이의 마음에 깊은 인상을 주지 못할 것입니다. 아이가 쉽게 이해하도록 하려면 아이의 눈높이에 맞는 현실적인 예시가 필요해요. 만약 태권도를 배우는 아이라면 단련 과정을 언급하면서 "다리 찢기 하는 게 많이 힘들더라도 그것을 극복해야 발차기를 잘할 수 있고, 그래야 검은 띠도 딸 수 있게 되는 거야. 어려움을 하나씩 극복해 나가면 너는 더 강하고 멋진 사람이 될 수 있어."라고 이야기해 주면 됩니다. 발레를 배우는 아이라면 태권도를 발레로 바꿔 이야기해 주면 되겠네요.

하지만 우리의 삶에 난관만 있는 것은 아니지요. 나의 어려움을 덜어 주면서 나와 함께 그 꿈을 이루어 나갈 동반자를 만나기도 해요. 작은 눈덩이에게 까마귀 친구가 생긴 것처럼요. 까마귀는 작은 눈덩이의 머리에 박힌 나뭇가지를 뽑아 주고, 작은 눈덩이가 고민하거나 방황할 때마다 따뜻한 지지를 보내서 작은 눈덩이가 꿈을 포기하지 않도록 돕습니다. 정말 소중한 친구지요.

이 부분을 읽을 때는 아이에게 친구의 소중함에 대해서 이야기를 들려주세요. 작은 눈덩이 머리에 나뭇가지가 박혔을 때 나쁜 친구였다면 우스꽝스럽다고 놀리기만 했을 것이라고요. 그렇다면 작은 눈덩이는 부끄러움과 실망감으로 꿈을 이루기 위해 도전하는 것을 포기했을지도 모른다는 이야기도 들려주세요.

작은 눈덩이가 자신이 잘할 수 있을지 걱정할 때도 까마귀는 희망적인 이야기를 들려주면서 아낌없이 응원합니다. 아마 까마귀가 나쁜 친구였다면 작은 눈덩이가 "바위에 부딪혀 부서지면 어떡해?"라고 고민을 털어놓을 때 "바위에 부딪히면 당연히 부서지지."라고 비아냥거렸을걸요. 작은 눈덩이가 "햇볕에 녹으면 어떡해?"라고 걱정할 때는 "눈은 당연히 햇볕에 녹지."라고 비관적인 대답을 했을 테고요. 이런 이야기를 나누면서 아이가 진정한 친구, 좋은 친구에 대해 진지하게 생각할 수 있는 기회를 만들어 봅니다.

그 밖에도 이 책에는 인상 깊은 장면들이 많이 나옵니다. 작은 눈덩이가 꿈을 향해 나아가는 과정 중에 부서져 멈춰 있는 큰 눈덩이와 햇볕에 녹고 있는 큰 눈덩이를 만나요. 어찌 보면 꿈을 향해 나아가는 것을 포기한 눈덩이라고 할 수도 있고, 꿈을 이루는 데 실패한 눈덩이 라고도 할 수 있겠지요. 이 눈덩이들을 보면서 도전하고 노력하는 것 을 멈추면 어떤 결과가 닥치는지에 대해서 이야기 나누면 좋을 듯합 니다.

저는 울퉁불퉁한 큰 눈덩이를 만나는 장면이 가장 인상 깊었습니 다. 울퉁불퉁한 큰 눈덩이는 작은 눈덩이에게 자신의 몸에 붙어서 함 께 굴러가자고 해요. 자신의 몸에 붙으면 구르지 않고도 큰 눈덩이가 될 수 있다는 달콤한 제안도 하지요. 하지만 작은 눈덩이는 대답도 하 지 않고 돌아섭니다. 다른 이의 몸에 붙어서 아무 생각 없이 이끌려가 고 싶지 않았던 것이지요. 작은 눈덩이가 진짜 바라는 바는 자신이 가 고 싶은 곳으로 굴러가는 것이었거든요. 내 꿈이 이루어지는 순간도 너무 행복할 테지만 꿈을 이루어 나가는 과정도 그에 못지않게 행복 하다는 사실을 작은 눈덩이는 알고 있었어요.

결국 작은 눈덩이는 큰 눈덩이가 되었고, 자신이 큰 눈덩이를 바라 보며 동경했던 것처럼 자신을 동경하는 작은 눈덩이를 만나게 돼요. 이 책은 아이와 함께 꿈을 이루어 나가는 과정, 인생을 살아가는 과 정에 대해 이야기를 나누기에 딱 좋은 책입니다.

문해력을 키우는 추론 활동

'롤모델'을 사전에서 찾아보면 '자기가 해야 할 일이나 임무 따위에서 본받을 만하거나 모범이 되는 대상'이라고 나옵니다. 인생을 살아가면서 롤모델이 있다는 사실은 큰 도움이 됩니다. 롤모델이 어려움을 극복해 나갔던 과정, 그 분야에서 성공적인 결실을 얻기까지의 과정은 매우 유용한 지침이 되기 때문이에요. 아이의 꿈에 대해 이야기 나누면서 그에 적당한 롤모델을 찾아보세요. 물론 아직 어린아이가 진로를 결정했을 리는 없기 때문에 지금 현재의 꿈과 그에 적당한 롤모델을 찾아보면서 롤모델이 과연 무엇인지에 대해 알아보는 정도만으로도 충분해요.

만약 엄마에게 그동안 인생의 롤모델이 있었다면 그것에 대해 이야기해 줘도 좋습니다.

문해력을 다지는 글쓰기 활동

앞에서 이야기 나눈 롤모델이 어떤 사람인지 직접 검색하고 정리하는 활동을 해 봅니다. 사진을 오려 붙이고, 이름과 나이, 하는 일, 특징, 장점, 본받을 점 등을 정리하면 됩니다.

한글을 쓰지 못하는 유아의 경우에는 아직 롤모델이 무엇인지 정확히 이해하지 못할 것입니다. 그러므로 이 활동은 쉬어 가도 괜찮습니다. 혹시 롤모델이 무엇인지 이해했다면 롤모델의 사진을 찾아 오려 붙이고 그 사람의 이름을 엄마가 대신 써 주면 돼요. 이름 앞에 롤모델의 특징이 담긴 별명까지 붙여 주면 더욱 좋겠지요. 예를 들어 제인 구달이라면 '동물들의 두 번째 엄마, 제인 구달'이라고 별명을 붙여 써 주면 표현력을 향상하는 데 큰 도움이 돼요.

내가 진짜 하고 싶은 것 찾기

매튜의 꿈

레오 리오니 지음 | 김난령 옮김 | 시공주니어

표지를 보자마자 저는 이 책이 『프레드릭』과 같은 작가의 작품이라
는 것을 한눈에 깨달았어요. 다른 생쥐들이 겨울을 나기 위해 식량을
모을 때, 햇살을 모으고 색깔을 모으고 이야기를 모으며 겨울을 준비
했던 낭만 생쥐 프레드릭 이야기가 정말 인상 깊었거든요. 『프레드릭』
은 칼데콧 아너 상을 수상한 바 있는 유명한 작품이에요.

그런데 『매튜의 꿈』 역시 개성 넘치는 생쥐가 주인공으로 등장하네
요. 자신이 무엇이 되고 싶은지 고민하다가, 미술관에 다녀온 뒤 마침

내 자신은 화가가 돼야겠다고 결심하고 마냥 행복해하는 매튜 말입니다. 화가가 꿈인 매튜의 이야기답게 화려한 색감으로 가득 찬 배경에 생쥐 두 마리가 사이좋게 손을 잡고 있는 표지가 눈에 띕니다. 표지를 보면서 아이와 함께 과연 어떤 이야기가 펼쳐질지 상상하기로 이야기를 시작해 보세요.

가난한 생쥐 부부는 외아들인 매튜에게 거는 기대가 아주 커요. 매튜가 의사가 되면 맛있는 파르메산 치즈를 아침, 점심, 저녁 배불리 먹을 수 있으니까요. 그래서 매튜에게 무엇이 되고 싶은지 물었더니 매튜는 늘 '온 세상을 다 보고 싶다'는 대답을 합니다. 매튜의 부모는 무엇이 되고 싶은지를 물었는데 매튜는 무엇을 하고 싶은지에 대해 답하네요. 굉장히 중요한 부분입니다.

아이의 꿈이 궁금할 때 어른들은 대부분 무엇이 되고 싶은지에 대해 물어봅니다. 무엇이 되고 싶은지 묻는 것은 사실 어떤 직업을 갖고 싶으냐고 묻는 거잖아요. 예를 들어 의사, 교사, 과학자, 경찰 같은 직업 말이에요. 하지만 꿈은 직업이 아닙니다. 무엇을 하고 싶은지, 어떤 삶을 살고 싶은지에 대한 것이 바로 꿈이에요.

그래서 꿈을 찾기 위해서는 무엇이 되고 싶은지에서 출발하면 안 되고 무엇을 하고 싶은지에서 출발해야 합니다. 무엇을 하고 싶은지에서부터 출발하면 선택할 수 있는 길이 정말 다양해집니다. 예를 들어 꿈을 '경찰'로 딱 못 박아두면 오로지 경찰이 되는 것밖에 꿈을 이룰

수 있는 방법이 없지만, 꿈을 '다른 사람을 지켜 주는 것'으로 정하면
정말 다양한 가능성이 눈앞에 펼쳐져요. 경찰이 되는 것 말고도 다른
사람을 지켜 줄 수 있는 방법은 여러 가지가 있으니까요.

　하고 싶은 것에서 출발하여 그것을 할 수 있는 방법을 찾고, 그다음
그것을 열심히 하다 보면 어느새 꿈에 바짝 다가가 있을 거예요. 매튜
처럼요. 매튜는 온 세상을 다 보고 싶다는 꿈이 있었는데, 미술관에
전시된 그림을 보고는 그림 안에 온 세상이 다 담겨 있다는 사실을
깨닫고 화가가 될 결심을 하지요. 그토록 바라던 화가가 되었으니 정
말 열심히 기쁨의 색과 모양들로 캔버스를 채웠고, 결국 아주 유명한
화가가 될 수 있었어요.

　당연히 이 책을 읽고 나서는 아이와 함께 무엇이 되고 싶은지가 아
니라, 무엇을 하고 싶은지에 대해 이야기 나눠야 합니다. 그것이 이 책
의 핵심이니까요. 하지만 아이에게 무엇을 하고 싶은지 물어도 대부
분 그 대답이 직업에 머무를 거예요. 그동안 그런 질문에 대해 그렇게
대답을 하는 것에 익숙해져 있어서요.

　엄마는 아이가 직업이 아닌, 진짜 무엇을 하고 싶은지에 대해 이야
기할 수 있도록 유도해야 합니다. 엄마가 먼저 엄마의 어릴 적 꿈을 이
야기해 주어도 좋습니다. "엄마는 어렸을 때 책을 많이 읽고 싶다는
꿈이 있었어. 하루 종일 아무것도 안 하고 책만 읽고 싶다는 생각을
했지. 사실 수업 시간에 수업 안 듣고 몰래 책을 꺼내 놓고 읽은 적도
많아. 책을 많이 읽다 보니 엄마도 좋은 책을 한번 만들어 보고 싶다

는 꿈을 품게 되었고, 결국 엄마는 출판사 편집부에 들어가서 책을 만드는 사람이 되었어."라고 이야기해 주면 됩니다. 네, 맞습니다. 바로 제 경험담이에요.

아이와 꼭 이야기 나눠 봐야 할 내용이 하나 더 있습니다. 이 책의 맨 마지막 장에는 매튜가 그린 작품이 나옵니다. 그 작품의 제목은 '나의 꿈'이에요. 아이와 함께 매튜의 작품을 보면서 그것의 제목이 왜 '나의 꿈'인지 분석해 보세요. 어떤 요소들, 어떤 느낌들이 나의 꿈과 연결이 되는지에 대해서요.

사실 저는 잘 모르겠습니다. 하지만 아이들은 정말 재미있고 신선하고 기발한 아이디어를 꺼내어 매튜의 작품을 나의 꿈에 연결시킬 거예요. 알고 보면 아이들은 타고난 이야기꾼이거든요.

문해력을 키우는 추론 활동

만약 매튜가 미술관을 가지 않았다면 매튜의 삶은 어떻게 달라졌을까요? 아이의 의견을 먼저 들어 보고 엄마의 의견을 말하세요. 서로 같은 부분에 대해서는 공감하고, 서로 다른 부분에 대해서는 "왜 그렇게 생각해?"라는 질문을 통해 좀 더 깊이 있게 생각하고 섬세하게 표현할 수 있도록 도움을 주세요.

문해력을 다지는 글쓰기 활동

매튜는 미술관에 다녀온 뒤 자신이 무엇이 되면 하고 싶은 것을 하면서 살 수 있을지 비로소 깨닫게 됩니다. 책을 읽고 이야기를 나누면서 아이가 하고 싶은 것을 찾았다면, 아이가 하고 싶은 것과 관련된 장소를 찾아 방문 계획을 세워 보세요. 언제, 어디를, 누구와 함께 가면 좋을지, 가서는 어떤 일을 하면 좋을지를 의논하여 아이가 그것을 글로 정리하도록 하면 됩니다.

아직 한글을 쓰지 못하는 유아라면 엄마가 함께 의논한 것을 글로 써 주세요. 하지만 유아는 아직 꿈에 대한 개념이 없을지도 모르니, 아이에게 아직 이른 주제라고 판단된다면 이 활동은 건너뛰어도 돼요.

나에 대해 정확하게 알기

나는 나의 주인

채인선 글 | 안은진 그림 | 토토북

꿈은 너무나도 소중하기 때문에 누구나 꿈을 꾸며 살아가야 해요. 4장 에서는 꿈을 이루기 위해서는 어떤 것들을 노력해야 하는지에 대해 알려 주는 책들을 함께 읽어 볼 텐데요. 꿈을 이루기 위해서 가장 먼 저 해야 할 일이 있어요. 당연히 나 자신에 대해 아는 것입니다. 내가 무엇을 좋아하고 무엇을 잘하는지, 주변의 자극에 대해 내 몸은 어떻 게 반응하고 내 기분은 어떻게 변화하는지를 잘 알아야 하지요. 나 자신을 잘 알아야 나를 스스로 키울 수 있고, 그래야 내 꿈도 이룰 수 있으니까요. 그래서 이번에는 나를 알아가는 방법을 알려 주는 책을 골랐습니다.

『나는 나의 주인』은 바로 내가 나를 알아가는 방법을 알려 주는 책입니다. 이 책을 통해 아이들은 나 자신에 대해 깊이 생각해 보는 기회를 가질 수 있을 거예요.

가장 먼저 내 몸의 주인 역할을 하기 위해 해야 할 일들이 나오는데, 아이와 함께 읽으면서 각 장의 내용을 질문해 보는 식으로 전개하면 아주 좋습니다. 예를 들어 '나는 내 몸을 잘 돌보아 줍니다.'라는 내용이 나오면 아이에게 "○○이는 어떻게 ○○이 몸을 돌봐 주고 있지?"라고 물어보면 됩니다. 책에는 손톱이 자라면 깎아 주고 머리가 헝클어지면 빗으로 빗어 주고 무릎에 상처가 나면 약을 바른다고 나와 있는데, 이런 식으로 아이가 자기 몸을 위해 하는 일들을 생각해 내서 표현할 수 있도록 하면 돼요.

다음에는 내 마음의 주인 역할을 하기 위해 할 일들이 등장합니다. 내 몸의 주인이 나라는 사실은 아주 당연하게 생각하지만, 내 마음의 주인 역시 나이기 때문에 내 마음을 내가 잘 통제하면서 살아가야 한다는 생각은 잘하지 못할 수 있어요. 특히 어린아이들은 더더욱 그렇지요.

책을 함께 읽으면서 내 마음이 나에게 어떤 메시지를 보낼 때 나는 어떻게 반응해야 하는지, 내 마음 안에서 생겨나는 여러 가지 감정들에 어떻게 대처해야 하는지 알아보도록 합니다. 중간 중간 아이의 생각을 물어볼 수 있는 질문거리가 있으면 그때그때 아이에게 건네주세요. 예를 들어 '슬플 때 나는 예전에 읽었던 재미있는 책을 다시 꺼내 듭니다. 나는 어떻게 내 기분을 나아지게 하는지 알고 있습니다.'라는 부분에서는 아이에게 "우리 ○○이는 슬플 때 어떻게 기분이 나아지게 하지?"라고 물어보면 돼요.

아이가 잘 대답하지 못한다면 "엄마는 슬플 때 잠을 자고 일어나면 슬펐던 마음이 좀 누르러지면서 기분이 개운해지더라."라고 엄마의 이야기를 해 줘도 좋고, "그전에 친한 친구가 이사를 간다고 슬퍼했을 때 엄마랑 영화 봤었잖아. 그때 어땠어?"라고 아이가 경험을 떠올려 볼 수 있게 단서를 제공해 줘도 좋습니다. 아이에게 아직 슬픔을 달랠 수 있는 특별한 방법이 없다면 이번 기회에 아이와 함께 찾아보는 것도 아주 좋아요.

나를 알기 위해서는 내가 잘하는 것 내가 잘 못하는 것도 알아야 합니다. 잘하는 것이 많다고 칭찬해 주고 잘 못하는 것이 많다고 충고해 주는 시간이 아니에요. 아이가 스스로 자기 자신에 대해 정확히 파악하는 것이 핵심인 활동입니다. 그러므로 아이가 자신의 생각을 하나하나 꺼내놓을 때마다 평가를 하거나 지적을 하지 말고 "아, 그렇구나! 우리 ○○이는 그것을 못한다고 생각하는구나!" 정도로만 반응해 주세요.

내가 잘하는 것, 잘 못하는 것 다음에는 내가 좋아하는 것, 내가 싫어하는 것에 대해 나오는데, 이 부분 역시 내가 잘하는 것, 잘 못하는 것을 찾았을 때와 마찬가지로 아이가 스스로 자신이 무엇을 좋아하고 싫어하는지를 찾아 표현할 수 있도록 하면 됩니다.

마지막에는 '주인으로서 나는 내가 어떤 사람이 되고 싶은지 생각합니다.'라는 문구가 나와요. 바로 이 부분에서 아이의 꿈에 대해 이야기 나누면 됩니다. 그런데 『매튜의 꿈』에서도 이야기했다시피 꿈은 직업이 아닙니다. 내가 무엇을 하고 싶은지, 어떤 사람이 되고 싶은지 생각해 보고 그렇게 되기 위해 노력하는 것이 바로 꿈을 이루는 과정입니다.

아이와 함께 어떤 사람이 되고 싶은지 이야기 나누어 보세요. 내가 나의 주인이 되기 위해서는 내가 어떤 사람이 되고 싶은지 늘 생각하고 있어야 하거든요. 내가 어떤 사람이 되고 싶은지를 알아야 그 방향으로 나를 이끌 수 있으니까요.

문해력을 키우는 추론 활동

내가 나의 주인이 되는 것은 아주 중요한 일입니다. 우리는 모두 나의 주인이 되어야 하고, 또 모두 나의 주인이 될 수 있어요. 그렇다면 과연 동물도 자기 자신의 주인이 될 수 있을까요? 갓 태어난 아기도 스스로 자기 자신의 주인이 될 수 있을까요? 아기는 몇 살 때부터 자신의 주인이 될 수 있을까요?

다소 엉뚱할 수도 있는 질문들로 아이와 함께 추론하는 시간을 가져 보세요. 엉뚱한 질문이니 당연히 정답도 없습니다. 아이의 생각을 경청하되, 늘 그렇듯이 왜 그렇게 생각하는지에 대해 섬세하게 물어보세요. 엄마의 질문이 섬세할수록 아이의 생각도 섬세하게 가다듬어집니다.

문해력을 다지는 글쓰기 활동

이 책에는 주인을 '책임을 지는 사람, 소중하게 보살펴 주는 사람'이라고 설명하고 있어요. 그렇다면 내가 나의 주인이 되기 위해 앞으로 어떤 점을 노력해야 할까요? '내가 나의 주인이 되기 위해 꼭 지켜야 할 10가지 약속'을 써 보도록 합니다. 만약 10가지를 다 쓰지 못한다면 엄마가 도움을 줘서라도 10가지를 채워야 합니다. 주어진 문제의 조건에 맞추는 것은 아주 중요한 일이니까요.

10가지를 넘는 것도 안 됩니다. 생각나는 것을 다 쓰라고 하는 문제가 아니라, 그중에서 가장 필요한 10가지를 정리하라고 하는 문제이니, 10가지를 꼽는 것도 중요한 능력이 됩니다. 아이가 10가지를 다 썼다면, 왜 그것이 내가 나의 주인이 되기 위해 꼭 필요한 일이라고 생각하는지 그 이유를 꼭 물어봐 주세요.

아직 한글을 쓰지 못하는 유아라면 이야기를 나누는 것으로 대신하면 됩니다. 아직 어리기 때문에 너무 수준 높은 내용들은 배제하고 손 잘 닦기, 일찍 자기 등과 같이 아이가 충분히 지킬 수 있는 것들로 채워 주세요.

내 마음 사랑하기

마음 여행

김유강 지음 | 오올

이 책을 보는 순간 '아, 그림책의 묘미란 바로 이런 것이지?'라는 생각이 스쳐 지나갔습니다. 멋진 그림, 짧은 글 안에 숨어 있는 뜻깊은 메시지가 그림책의 묘미 아니겠어요? 『마음 여행』은 몇 글자 되지 않는 짤막한 내용이지만 이 책의 메시지로부터 느껴지는 감동은 아주 크고 여운도 아주 길어요.

언뜻 보면 글자 수가 얼마 되지 않는데다가 글자 크기가 큼직하기 때문에 아주 어린아이들에게 적절한 수준이겠거니 싶지만, 어른들이 보기에도 전혀 손색이 없는 철학 그림책입니다. 이제 조금씩 자신의 마음을 키워 나가고 있는 유아들에게도 좋은 책이지만, 마음 한쪽이 뻥 뚫린 듯하여 공허한 마음을 채울 길 없는 어른들에게도 추천하고 싶은 책이에요.

이야기는 어느 날 갑자기 마음을 잃어버린 주인공의 사연으로부터 시작됩니다. 마음을 잃어버린 주인공은 그날부터 갖고 싶은 것도, 하고 싶은 것도, 되고 싶은 것도 없어져 버렸지요. 도대체 왜 이런 상태가 되어 버린 걸까요? 그 답을 찾으려면 마음이 하는 일부터 알아봐야겠어요. 아이와 함께 마음은 어떤 일을 하는지부터 자유롭게 이야기를 나누어 보세요. 그다음 주인공이 마음을 잃어버린 뒤 갖고 싶은 것도, 하고 싶은 것도, 되고 싶은 것도 없어져 버린 이유를 함께 찾아보세요.

마음을 잃어버린 뒤 마음의 소중함을 알게 된 주인공은 마음을 찾아 떠나는 마음 여행을 시작합니다. 사자에게 잡혀 먹을 뻔하기도 하고 독버섯의 독이 온몸에 퍼지는 등 그야말로 산전수전 다 겪으면서 온갖 모험을 하게 되지요. 이 장면은 아주 유쾌하기 때문에 아이가 정말 집중해서 재미있게 볼 거예요. 또한 뒷부분에서 아이의 마음이 커진 계기에 해당되기 때문에 이야기 전개상으로도 아주 중요한 부분입니다. 아이가 이 장면에 담겨 있는 내용들을 충분히 느끼고 깨달을 만한 여유를 주고 나서 다음 장으로 넘겨야 합니다.

이 책에서 가장 충격적인 장면은 주인 없는 마음들이 모이는 마음 언덕을 보여 주는 부분이었어요. 주인 없는 마음들이 이렇게 많다는 게 너무 충격적이면서도 한편으로는 너무 슬프더라고요. '주인 없는 마음'이라니 어떤 의미일까요? 그것은 해석하기 나름일 것 같은데, 저는 이것을 '주인 없는 집'에 빗대어 아이에게 설명해 주면 어떨까 싶어요. 주인 없는 집은 전혀 관리가 안 되겠지요. 구석구석 먼지도 쌓이고 거미줄도 낄 거예요. 마당에는 잡초도 무성하게 자랄 것이고 여기 저기에서 날아온 쓰레기도 가득하겠지요. 그야말로 주인 없는 집은 엉망진창 폐허가 되기 십상입니다.

마음이라고 다르겠어요. 주인 없는 마음은 피폐해지고 삭막해지고 무뎌질 거예요. 그러면서 앞에 이야기했던 것처럼 갖고 싶은 것도, 하고 싶은 것도, 되고 싶은 것도 없는 상태가 되어버리는 것이지요. 그래서 내 마음을 항상 건강하고 깨끗하게 잘 관리해야 합니다.

마음을 관리하는 방법은 마음 요정이 가르쳐 줍니다. 자신의 마음을 찾은 주인공이 너무 작아져 버린 마음 때문에 속상해하자 마음 요정은 마음이 작아진 게 아니라 마음자리가 커진 것이라고 알려 줘요. 그러고 보니 주인공의 마음자리가 처음보다 엄청 커졌어요. 마음 요정에 따르면 주인공이 마음을 찾는 과정에서 두려움과 고단함을 견디면서 마음자리가 커진 거래요. 커다랗게 변한 마음자리에 새로운 마음 씨앗을 심어 새 마음을 가꾸면 된다는 조언도 해 주지요.

얼마나 멋진 조언이에요. 우리의 마음은 두려움과 고단함을 극복하면서 더 단단해지고 더 커집니다. 그래서 새로운 꿈을 꾸고 어려운 일에 도전하는 것을 즐길 수 있어야 해요. 또한 아프고 망가진 마음은 과감히 버리고 새 마음을 가꾸며 희망과 긍정의 시간을 보내야 할 필요도 있어요. 그것을 깨달은 주인공은 집으로 돌아가지 않고 마음 여행을 계속 이어갑니다. 자신의 마음을 더 씩씩하고 용감하게 가꾸기 위해서요.

하지만 처음 잃어버린 마음을 찾기 위해 마음 여행을 떠났을 때와 더 씩씩하고 용감한 마음을 갖기 위해 마음 여행을 떠났을 때는 표정부터가 완전히 다르네요. 주인공의 표정 변화를 살펴보면서 주인공이 어떤 생각을 하고 있을지 추론해 보는 것도 좋은 활동이 될 듯합니다.

문해력을 키우는 추론 활동

마음 요정은 주인공이 마음을 찾기 위해 작은 동산을 지날 때 바람 속에 마음 씨앗을 담아 주인공에게 날려 보냈어요. 그것이 주인공에게 잘 전해져 주인공의 가슴에 새 마음 싹이 돋아났고요. 그런데 과연 마음 요정이 아무에게나 마음 씨앗을 전해 줄까요? 마음을 잃어버린 많고 많은 사람들에게 모두 마음 씨앗을 전해 줄까요?

아이와 함께 마음 요정이 주인공에게 마음 씨앗을 날려 보내

준 이유가 무엇일지 찾아보세요. 그리고 평소에 어떤 마음가짐을 가져야 할지에 대해서도 이야기 나눠 보세요.

 문해력을 다지는 글쓰기 활동

이 책을 읽고 머릿속에 떠오르는 느낌을 딱 한 단어로 표현해 봅니다. 마음, 도전, 희망, 모험, 꿈 등 여러 가지가 있을 수 있어요. 그 단어를 가지고 짧은 글짓기까지 하면 금상첨화입니다. 짧은 글짓기는 아이들의 어휘력을 향상하는 데 아주 좋은 활동이에요. 어휘력은 문해력의 기본이 되므로, 짧은 글짓기를 하는 것은 문해력을 향상하는 데도 도움이 된다고 할 수 있겠네요.

아직 한글을 쓰지 못하는 유아라면 이 책을 읽고 떠오르는 단어를 말로 표현해 보면 됩니다.

자신의 기질 이해하기

나는 소심해요

엘로디 페로탱 지음 | 박정연 옮김 | 이정화 해설 | 이마주

여기 소심한 자신의 성격 때문에 고민이 깊은 한 아이가 있습니다. 이 아이는 자신만만한 사람들, 큰 소리로 웃고 노래하는 사람들, 남의 시선 따위 신경 쓰지 않는 사람들을 부러워합니다. 왜냐하면 자신은 그 반대거든요. 자신의 작은 행동도 부끄러워하고 다른 사람의 시선이 두려운 이 아이에게 세상은 이런 것을 요구합니다.

"똑바로 말해 봐!"

"뭐라고? 분명하게 다시 말해!"

"더 크게 말하라고!"

그럴 때마다 아이는 더 움츠러들고 말아요. 왜냐하면 그건 아이가 극복할 수 없는 일이거든요.

타고난 기질은 바꿀 수 없고 극복할 수도 없습니다. 하지만 꼭 알아야 할 점이 있습니다. 기질마다 약점이 있지만 강점도 있다는 사실을요. 이 책의 주인공처럼 내향적인 기질을 갖고 있는 사람들은 부끄럼이 많고 자신감이 없어 다른 사람 앞에 나서기를 꺼려하는 모습을 보입니다. 스스로도 이런 모습들을 자신의 약점이라고 생각하며, 다른 사람들도 그런 모습은 고쳐야 한다고 충고하지요. 그런데 내향적인 사람들은 그 대신 매우 꼼꼼하고 신중해요. 그래서 충분한 시간과 편안한 환경이 주어지면 누구보다도 성실하고 실수 없이 일을 처리하지요. 인간관계에 있어서도 많은 사람들과 두루두루 격의 없이 지내지는 못하지만, 감수성이 풍부하여 마음이 맞는 사람들과는 깊은 유대감을 형성합니다.

그래서 내향적인 기질을 가진 리더들도 꽤 많아요. 버락 오바마, 빌 게이츠, 워런 버핏, 마하트마 간디, 스티브 잡스 등도 내향적인 리더로 알려져 있어요. 2004년 대한상공회의소에서 조사한 '국내 CEO들의 특성'에서도 외향적인 성격과 내향적인 성격을 모두 갖고 있는 '양향적'인 리더가 45.0%, '내향적'인 리더가 35.9%, '외향적'인 리더가 19.1%로 나타났어요. 내향적인 기질을 가진 리더가 외향적인 기질을 가진 리더보다 두 배 가까이 더 많다는 뜻이지요. 매사에 적극적으로 나서고 자신만만해 보이는 사람이 리더가 될 것 같지만, 실상은 상대의 말을 잘 들어주고 깊이 생각하는 사람이 리더로서 더 각광을 받고 있답니다.

만약 아이가 내향적인 기질을 가지고 있어서 소심한 모습을 보인다면 이런 이야기들을 들려주면서 아이에게 자신감을 북돋아 주세요. 이 책의 주인공도 누군가로부터 소심함이 병이 아니라는 이야기를 듣고 나서 자신의 소심함에 대한 생각과 자세를 완전히 바꾸게 되잖아요. 아이에게 소심함을 극복하라고 충고할 것이 아니라 내향적인 기질이 갖고 있는 장점을 끄집어내 주세요.

이 책의 마지막에는 한국아동심리코칭센터 이정화 소장이 쓴 해설 글이 수록돼 있어요. 가장 인상 깊은 부분은 바로 스스로에게 달아준 부정적인 이름을 긍정적인 이름으로 바꾸어 보라는 제안이에요. 예를 들어 '나는 소심해요'가 아니라 '나는 신중해요'라고 말이지요.

사실 모든 기질에는 약점과 장점이 동시에 존재합니다. 외향적인 아이는 사람들과 금방 사귀고 활동 범위도 크며 적극적으로 활동해서 내향적인 아이에 비해 좋은 성격을 가진 것처럼 보이지만, 이런 아이들은 에너지가 넘치는 탓에 엄마들이 좀 버거워 해요. 충동성이나 산만함이 동반될 수도 있고요.

예민하고 까다로운 아이는 뭘 하나 쉽게 받아들이지 않아 엄마 아빠를 힘들게 하지만, 그만큼 섬세하기 때문에 창의력이 좋습니다. 다른 사람의 감정에 예민한 아이들은 주변 사람들의 평가에 영향을 많이 받아서 칭찬을 받느냐 비판을 받느냐에 따라 감정이 오르락내리락한다는 약점이 있지만, 주변 사람들의 감정을 빨리 읽고 적절하게 대처하기 때문에 사회성이 좋다는 장점이 있어요.

타고난 기질은 변하지 않습니다. 다만 양육 환경에 의해 성격은 바뀔 수 있어요. 성격은 타고난 기질에 양육 환경이 더해져 형성되거든요. 그러므로 아이의 기질에서 보이는 약점에 집중하여 다그치고 충고하고 걱정스러운 마음을 전할 것이 아니라, 장점을 더욱더 키울 수 있는 양육 환경을 제공해야 합니다. 그것이 바로 엄마가 해줄 수 있는 가장 큰 선물이에요.

문해력을 키우는 추론 활동

엄마는 이미 아이가 어떤 기질을 갖고 있는지 잘 알고 있을 거예요. 아이가 가진 기질의 장점을 찾아 아이에게 용기를 북돋워 주는 시간을 가져 보세요. 예를 들어 불안감이 높은 아이라면 "우리 ○○이는 조심성이 많네. 무엇이든 조심스럽게 잘 살피면 실수도 줄일 수 있고 크고 작은 사고도 막을 수 있어."라고 이야기해 주면 됩니다.

그동안 아이의 기질에 대한 긍정적인 피드백보다 부정적인 피드백을 더 많이 했다면 이번 기회를 통해 위축되었을 아이의 마음을 달래 주세요.

문해력을 다지는 글쓰기 활동

아이의 성격과 엄마의 성격은 어떤 점이 다르고 어떤 점이 비슷한지 써 보세요. 아직 한글을 쓰지 못하는 유아라면 이야기를 나누는 것만으로도 충분합니다.

용기의 의미 알기

용기를 내, 비닐장갑!

유설화 지음 | 책읽는곰

주인공 비닐장갑은 뭐가 그렇게 무서운지 표지에서부터 눈물범벅이 되어 벌벌 떨고 있네요. 책을 펼치고 딱 3장만 넘겨도 비닐장갑이 얼마나 겁쟁이인지 금세 눈치챌 수 있어요. 장갑산에 올라가 별빛 캠프를 체험하는 날, 아이들은 모두 잔뜩 들떠 있는데 비닐장갑은 바람에 날아가면 어쩌나, 산에 불이라도 나면 어쩌나, 뱀에게 잡아먹히면 어쩌나, 거미의 공격을 받으면 어쩌나 걱정이 태산이에요.

　한 장 한 장 넘길 때마다 다양한 표정으로 겁이 나는 자신의 마음을 고스란히 드러내는 비닐장갑이 안쓰러우면서도 너무 귀엽습니다. 아이에게 비닐장갑의 표정을 따라 해 보자고 하면 아마 책 읽기 시간 내내 웃음이 가득할 거예요.

별 관찰을 마치고 내려가는 도중 갑자기 선생님이 들고 있던 손전등이 고장나면서 사건이 터지고 말아요. 선생님이 쌍둥이 장갑에게 앞뒤로 서게 한 다음 쌍둥이 장갑의 줄을 잡고 천천히 내려가자고 제안했는데, 쌍둥이 장갑 중 앞장서서 가던 왼돌이가 나무뿌리에 걸려 넘어지면서 쌍둥이 장갑의 줄을 잡고 내려가던 친구들이 한데 뒤엉켜 낭떠러지에 빠져 버렸지 뭐예요. 오직 비닐장갑만 제외하고요.

참고로 이 책에 등장하는 쌍둥이 장갑은 유설화 작가의 전작 『잘했어, 쌍둥이 장갑!』의 주인공입니다. 말썽꾸러기 쌍둥이 장갑이 친구들과 화해하는 과정을 그린 이 책은 쌍둥이 장갑처럼 자기표현에 서툴러서 친구들과 자주 충돌이 일어나는 아이에게 많은 깨달음을 줄 수 있습니다.

위기에 빠진 선생님과 친구들을 구해 줄 수 있는 유일한 존재가 된 비닐장갑은 너무 두렵지만 용기를 내어 도움을 요청하러 떠납니다. 그러다가 반딧불이를 만났고, 자신 안에 반딧불이를 담아 환한 불빛을 만든 뒤 구조대원에게 도움을 요청하지요. 구조된 선생님과 친구들이 안전하게 산을 내려갈 수 있도록 맨 앞에서 길을 비춰 주기도 했고요.

그런 비닐장갑을 위해 장갑 친구들은 '얇디얇은 비닐이라 얕보지

마라. 비닐장갑은 용감해. 비닐장갑은 씩씩해.'라는 노래를 불러 줘요. 이 가사에 멜로디를 붙여 직접 노래를 불러 보는 활동도 추천할 만합니다. 아이가 불러 보고 엄마도 불러 보고 합창으로도 불러 보면 더욱 좋겠지요. 기존에 있던 노래의 멜로디에 가사만 바꿔 불러도 좋습니다. 어떤 노래의 멜로디로 부를지는 아이와 함께 의논해 보세요.

　이 책을 다 읽었다면 아이와 함께 왜 주인공을 '비닐장갑'으로 했을지에 대해 생각을 나누어 보세요. 작가는 겁쟁이 주인공 이야기를 쓰고 싶었던 것 같은데, '겁쟁이'와 '비닐장갑' 사이에 어떤 연결 고리가 있는 건지에 대해 자유롭게 이야기해 보는 겁니다. 비닐의 얇은 모양이 주인공의 소심한 모습을 표현하기에 적당했기 때문일까요? 아니면 주변의 작은 자극에도 펄럭펄럭 움직이고 훨훨 날아가는 비닐이 주변 환경에 영향을 강하게 받는 주인공의 특징을 잘 살릴 수 있기 때문일까요? 그것도 아니면 작은 힘을 가해도 꼬깃꼬깃 구겨져서 두 손안에 쏙 들어오는 비닐이 작은 일에도 금세 움츠러드는 주인공의 심리와 많이 닮아 있기 때문일까요? 아이와 함께 이야기를 나누어 보면서 작품 속 작가의 의도를 파악하도록 합니다.

　또한 아이에게 만약 주인공이 고무장갑이었다면, 야구 글러브였다면, 목장갑이었다면, 가죽장갑이었다면 책의 느낌이 어떻게 달라졌을지에 대해서도 이야기를 나누어 보도록 합니다. 아이가 마음껏 상상하여 자신의 생각을 자신 있게 표현할 수 있도록 하기 위해서는 적절한 호응을 해 주면서 아이의 이야기를 경청해 줘야 합니다.

이 책을 읽고 나서 진정한 용기가 무엇인지에 대해 생각해 보는 시간을 가지면 좋을 것 같아요. '용감하다는 것은 두려운 것이 없는 게 아니라 두렵지만 그래도 한번 해 보는 것'이라는 문구를 읽고 아주 감동했던 적이 있어요. 그러고 보니 정말 맞는 말 같았거든요. 두려운 게 없다는 것은 그냥 감정이 없는 사람 같아요. 두려움을 느끼지 않는 사람들에게는 용기도 필요 없겠지요.

두려운 일에 도전할 때 정말 큰 용기가 필요합니다. 그래서 두렵지만 그래도 도전해 보는 사람이 정말 용감한 사람이에요. 비닐장갑처럼요. 어두운 숲길이 너무나도 두려웠지만 선생님과 친구들을 위해 용기를 내서 구조대원을 만나는 데 성공했지요. 아이에게도 진정한 용기에 대해 알려 주면 좋겠습니다. 아이가 두려워하고 있는 것이 무엇인지 알아본 뒤, 그것에 함께 도전해 보는 시간을 가지면 더욱 좋겠고요.

 문해력을 키우는 추론 활동

두려움은 걱정과 불안에서 나옵니다. 그런데 인간이라면 걱정과 불안이라는 감정을 느끼는 게 당연해요. 또한 걱정과 불안이 나쁜 것만은 아닙니다. 왜냐하면 걱정과 불안은 사람들에게 안전에 대한 경각심을 일깨워 줘서 좀 더 조심스럽게 행동하게 만들고 미리 대비하게 만들거든요.

아이가 무서웠던 경험, 불안했던 경험에 대해 이야기할 수 있도록 해 봅니다. 겁이 많지 않은 아이라도 분명 이런 경험이 몇 번정도는 있었을 거예요.

아이의 고민을 들어주면서 종종 불안하고 무서운 마음이 드는 것은 아주 자연스러운 일임을 알려 주세요. 그런 감정이 들 때 엄마에게 이야기하면 해결 방법을 찾을 수 있다는 사실을 알려 주시고요. 또 엄마가 늘 곁에 있으니까 안심해도 된다는 메시지도 전달해 주세요. 엄마는 어렸을 때 뭐가 불안하고 무서웠는지 이야기해 주면, 그런 감정을 자신만이 느끼는 것이 아니라는 사실을 깨달으면서 아이가 안도감을 느낄 거예요.

문해력을 다지는 글쓰기 활동

맨 마지막 장을 보면서 엄마와 아이가 멜로디를 붙여 직접 노래를 불러 봤다면 이번에는 비닐장갑을 위해 가사를 직접 써 보는 활동을 해 보는 건 어떨까요? 아이와 엄마가 각자 가사를 쓴 뒤 서로 바꾸어 보는 과정까지 이루어지면 더욱 좋습니다.

아직 한글을 쓰지 못하는 유아라면 가사를 떠올려 노래를 불러보는 것으로 마치면 됩니다.

내 꿈의 장애물 극복하기

니 꿈은 뭐이가?

박은정 글 | 김진화 그림 | 웅진주니어

권기옥은 우리나라 최초의 여성 비행사입니다. 가난한 집에서 태어나 11세 때부터 은단 공장에서 일해야 했지만, 12세 때 한 교회에서 운영하는 학교에 입학하여 1등을 도맡다시피 했어요. 그러던 어느 날 아트 스미스라는 미국 사람이 비행기를 타는 모습에 흠뻑 빠져들어 비행사가 되겠다는 꿈을 품기 시작했어요. 넓고 푸른 하늘에 대한 동경도 있었겠지만, 그보다 앞서 일본으로 폭탄을 싣고 가 천황이 사는 황거를 폭파하겠다는 목표를 품었다고 해요.

당연히 그 길은 순탄치 않았지만, 결국 권기옥은 그 꿈을 이루어 냈습니다. 권기옥의 삶을 통해 우리는 꿈의 중요성과 어떤 노력을 기울이는 사람이 결국 꿈을 이루어 내는지를 알 수 있습니다.

권기옥이 우리나라 최초의 여성 비행사가 된 것이 너무나도 놀랍고 대단한 이유는 바로 그 시절의 사회상 때문입니다. 당시에는 여성이 매우 낮은 대우를 받았던 시대였어요. 오죽하면 둘째 딸로 태어난 권기옥을 아빠가 '갈례'라고 불렀겠어요. 갈례는 얼른 가라, 얼른 죽으라는 뜻이라고 하는데요. 얼마나 아들을 바라는 시대였으면, 얼마나 딸을 무시하는 시대였으면 소중한 아이에게 그런 이름을 붙였을까요? 권기옥의 아빠가 권기옥을 갈례라고 부른 것에 대해 어떻게 생각하는지 아이와 함께 이야기 나누면서 비판적 사고력을 키워 주세요.

권기옥은 그런 사회 분위기에 굴복하지 않지요. 중국으로까지 건너가서 비행 학교에 입학하려고 하는데, 안타깝게도 중국에서도 여자는 입학할 수 없다는 통보를 받아요. 그래도 포기하지 않습니다. 그 지역에서 막강한 힘을 갖고 있는 장군을 찾아가 비행 학교에 입학할 수 있도록 힘을 써 달라 했고, 마침내 비행 학교에 입학할 수 있었습니다.

꿈을 향해 나아가는 길은 이처럼 순탄하지만은 않습니다. 위기의 순간과 좌절의 순간이 시도 때도 없이 찾아오지요. 그럴 때마다 그냥 포기하면 꿈은 물거품이 되어 버려요. 그런 순간을 극복할 수 있도록 열심히 방법을 찾고 커다란 노력을 기울여야 합니다. '하늘은 스스로 돕는 자를 돕는다'라고 하잖아요. 최선을 다해, 진심을 다해 꿈을 좇으면 좋은 결실을 이룰 수 있습니다. 만약에 원하던 결실을 이루지 못했다고 하더라도, 그 과정 중에 훨씬 강하고 현명한 사람으로 성장했을 것이 분명하기 때문에 결코 실패라고 할 수 없겠지요. 아이와 함께 이런 이야기들을 나누면서 꿈의 소중함, 꿈의 필요성에 대해 알려 주세요.

권기옥을 이야기하면서 독립운동가로서의 삶을 안 짚고 넘어갈 수는 없겠지요. 권기옥이 처음 비행사의 꿈을 품은 것도 비행기에 폭탄을 싣고 일본으로 날아가고자 하는 마음에서였으니까요. 그것만 보아도 항일 의지가 얼마나 강했는지 엿볼 수 있습니다.

실제로 권기옥은 3·1 만세운동에 참여했다가 학교에서 쫓겨나고 임시 정부에서 쓸 돈과 무기를 모으다가 투옥되기도 했어요. 중국으로 건너간 계기도 비행사가 되기 위한 목적도 있었지만 일본의 감시를 피해 독립운동을 하기 위한 목적이 더 컸습니다. 중국으로 건너간 뒤에는 비행사가 되어 중일전쟁에 참여하기도 했고, 대한애국부인회의 일원으로 대한민국 임시 정부를 지원하기 위한 자금을 모금하고 일본을 배척하는 사상을 널리 알리는 일에 앞장섰어요.

권기옥이 우리나라 독립운동사에 끼친 영향이 적지 않은 편인데도 그 부분이 잘 알려져 있지 않아요. 유관순 열사 이외에는 우리나라의 여성 독립운동가 중 널리 알려진 인물이 거의 없습니다. 권기옥의 이야기를 읽고 나서는 '여자 안중근'이라고 불리며 영화 〈암살〉의 주인공 안윤옥의 모델이 된 남자현 의사, 임산부의 몸으로 우리나라의 독립을 위해 평남도청에 폭탄을 투척한 안경신 의사, 독립의 정당성을 알리기 위해 2·8 독립선언서를 가지고 귀국하여 만세 시위를 이끌다가 일제 경찰에 체포되어 모진 고문을 당한 김마리아 열사 등과 같은 여성 독립운동가에 대해 알아보는 시간을 가져도 좋을 것 같습니다.

 문해력을 키우는 추론 활동

아이와 함께 '나의 꿈'에 대해 이야기 나누어 봅니다. 아직 어리기 때문에 엉뚱하고 비현실적인 꿈을 이야기할 가능성이 커요. 하지만 나무라거나 지적하지 말고 아이가 이야기한 그 자체를 존중해 주세요. 그리고 그 꿈을 이루어 나가는 데 어떤 장애물이 있을지에 대해 함께 고민해 봅니다.

　제 아들은 지금은 훨씬 더 현실적인 꿈을 가지고 있지만 어렸을 때의 꿈은 '엄마가 영원히 죽지 않는 약을 만드는 생명과학자'였어요. 그래서 그 꿈을 이루는 데 가장 큰 장애물이 무엇일까에 대해 이야기 나눴는데, 일단 그 약이 만들어질 때까지 엄마가 살아 있어야 한다는 결론에 이르렀습니다. 그래서 그 장애물을 극복하기 위해 가장 노력해야 할 점을 '엄마 말을 잘 듣는 것'이라고 정했습니다. 엄마 말을 잘 들어야 엄마가 병에 안 걸려서 오래 살 수 있을 테니까요.

문해력을 다지는 글쓰기 활동

남녀 차별에 극심했던 시절에 태어나 아빠로부터 '갈례'라고 불려야 했던 어린 권기옥이 참 안타까워요. 아이와 함께 이 부분에 대해 이야기를 나누었으니 '성 평등'을 주제로 하여 표어를 만드는 시간을 가져 보면 좋을 것 같습니다. '남자 위에 여자 없고, 여자 위에 남자 없다!', '남자도 사람이고 여자도 사람이며, 노인도 사람이고 아이도 사람이다!' 등과 같이 자유롭게 자신의 생각을 정리하면 됩니다.

인터넷을 검색하면 멋진 표어들이 많이 나오니 아이와 함께 찾아보면서 표어가 무엇인지 익히고 아이디어를 수집하는 기회로 삼아 보세요. 아직 한글을 쓰지 못하는 유아라면 말로만 표현해도 충분합니다.

역경을 딛고 꿈 이루기

기적의 오케스트라 엘 시스테마

강무홍 글 | 장경혜 그림 | 양철북

이 책은 마약에 취해 길바닥에 누워 있던 아이들, 가난해서 학교에 다니지 못하던 아이들, 집안일을 도맡아 하며 노동에 지친 아이들, 범죄를 저지르고 소년원에 머무르던 아이들이 '엘 시스테마'라는 무상 음악 교육 프로그램 통해 성장해 나간 이야기를 담고 있어요. 베네수엘라의 빈민촌에서 아무런 희망 없이 하루하루를 살아가던 청소년에게 총과 마약 대신 '악기'를 들게 하여 성공의 기쁨과 꿈의 소중함을 알려 준 호세 아브레우가 참 대단하다는 생각이 듭니다.

아마 호세 아브레우가 아니었다면 빈민가 아이들에게 밝은 미래는 없었겠지요. 그래서 훌륭한 스승을 만나는 것은 정말 중요합니다.

아직 어린아이들이 읽기에는 글밥도 많고 어려운 단어도 제법 나오는 편이라서 어휘 부분에 특히 신경을 쓰면서 읽어 줘야 하는 책입니다. 어려운 단어가 많이 나온다고 해서 회피할 필요는 없어요. 말을 한참 배우는 시기는 최대한 아이의 눈높이에 맞춰 쉽고 간단한 어휘를 구사하는 것이 맞지만, 아이의 언어 발달이 폭발적으로 늘어나는 만 4세 이후에는 아이가 그동안 들어 보지 못한 단어에 노출시킬 필요가 있어요.

실제로 어른과 함께 지내는 아이가 또래와 함께 지내는 아이에 비해 훨씬 더 많은 어휘를 습득한다고 알려져 있어요. 아무래도 또래와 지내다 보면 성인의 언어를 모방할 기회가 적잖아요. 그만큼 새로운 어휘, 수준 높은 어휘를 배울 수 있는 기회도 적고요. 그래서 한참 어휘력을 키워야 하는 시기는 쉽고 익숙한 단어들로만 대화를 나누지 말고 새로운 단어들을 적당히 섞어 줘야 합니다.

새롭고 낯선 단어를 그냥 읽고 넘어가면 안 되고 반드시 그 단어의 뜻을 알려 주고 넘어가야 해요. 아이가 먼저 질문하는 단어는 당연히 그 뜻을 알려 줘야 하고요. 이 단어를 아이가 모를 것 같은데 그냥 넘어간다면 "이 말이 무슨 뜻인지 알아?"라고 먼저 질문하면 됩니다.

새로운 단어의 뜻을 설명할 때는 아이가 잘 이해할 수 있는 익숙한 단어들로 쉽게 설명해 줘야 해요. 이 책 곳곳에 등장하는 의붓아버지, 의붓형제, 소년원, 불량배, 혁명, 본성, 장학금, 자긍심 등과 같은 어린 아이들이 이해하기 다소 어려운 단어들의 뜻을 알아보면서 어휘력을 키울 수 있는 시간을 마련해 주세요.

　제게 가장 인상 깊었던 문구는 '아이들에게 악기는 자기 자신과 같았습니다.'입니다. 이 말은 과연 무슨 의미일까요? 아이와 함께 이야기 나누어 보면 좋을 것 같아요. 아이에게는 다소 어려울 수도 있는 철학적인 질문이지만, 아이이기 때문에 더욱 기발하고 신선한 대답을 할 수도 있어요.

　아이의 이야기를 먼저 경청한 다음 엄마의 생각을 들려주세요. 저는 이 말의 의미가 아마도 자기 자신도 악기처럼 '다른 사람을 감동시키고 싶은 존재'가 되고 싶은 마음을 표현한 것이 아닐까 싶어요. 이것은 제 개인적인 생각이고요, 정답은 없습니다. 사람마다 생각은 다 다르므로 각자의 생각을 자유롭게 이야기하면 됩니다. 그것이 바로 토론이에요. 서로 다른 생각을 나누면서 생각하고 표현하는 힘을 키워 나갈 수 있어요.

　이 책을 다 읽었다면 아이에게 "그렇다면 왜 호세 아브레우는 꿈이 없이 살아가던 아이들을 오케스트라를 통해 성장시키고자 했을까? 다른 것도 많은데 말이야."라는 질문을 던져 봤으면 해요. 일단 음악은 정서적으로 안정감을 주지요. 그래서 상처가 많은 아이들의 마음을 보듬어 주기 위한 게 첫 번째 이유가 아니었을까요? 또 오케스트라는 나만 잘한다고 되는 게 아니라 모두가 함께 잘해야 멋진 음악을 만들어낼 수 있잖아요. 그래서 그동안 가족의 돌봄을 받지 못하고 혼자서 방황하던 아이들에게 구성원으로서의 역할을 부여하기 위해 그랬던 것은 아닐까요? 이것 역시 제 개인적인 생각입니다. 아이와 함께 왜 하고 많은 것 중에서 오케스트라를 선택했을지에 대해 자유롭게 토론해 보세요.

 문해력을 키우는 추론 활동

만약에 나였다면 오케스트라 말고 어떤 것을 통해 방황하는 아이들, 꿈을 잃은 아이들을 도와주었을지 이야기 나누어 봅니다. 예를 들어 스포츠 팀도 있고, 합창단도 있겠지요. 독서 모임으로 도움을 줄 수도 있겠고, 직업 훈련 같은 것도 아이들에게 도움이 될 거예요. 중요한 것은 '왜' 그것을 선택했느냐입니다. 아이가 어느 한 분야를 선택했다면 왜 그것을 골랐는지 이유를 꼭 물어봐야 해요.

아이뿐만 아니라 엄마의 의견도 이야기해 주세요. 엄마의 의견을 말해 주면 엄마와 대화를 나눈다는 느낌이 들어서 아이가 더 즐거워해요. 엄마의 의견을 듣는 과정에서 새로운 어휘를 접하고 세련된 표현을 배우는 것은 물론이고요.

문해력을 다지는 글쓰기 활동

호세 아브레우는 엘 시스테마 아이들에게 새로운 삶을 선물한 훌륭한 선생님이었어요. 우리 아이에게도 지금까지 가장 기억에 남는 좋은 선생님이 있었을 거예요. 학교 선생님, 유치원 선생님, 학원 선생님, 학습지 선생님, 교회 선생님 등이 모두 다 후보입니다. 가장 기억에 남는 선생님께 감사의 마음을 담은 편지글을 쓰는 시간을 가져 봅니다.

아직 한글을 쓰지 못하는 유아라면 그림으로 표현해도 됩니다. 혹시 학원이나 보육 기관에 다닌 경험이 없어서 선생님과 만날 기회가 없었다면 이 활동은 쉬어 주세요.

행운이 찾아오는 습관 깨닫기

행운을 찾아서

세르히오 라이를라 글 | 아나 G. 라르티테기 그림 | 남진희 옮김 | 살림출판사

이 책의 주인공은 행운 씨와 불운 씨 두 사람입니다. 두 사람은 같은 마을에 살고 같은 날 같은 곳으로 여행을 떠나는데, 같은 상황에서 대처하는 방식이 전혀 다릅니다. 자신에게 닥친 상황을 어떻게 대처하느냐에 따라 그 이후에 펼쳐지는 일들이 얼마나 달라지는지 행운 씨와 불행 씨 이야기를 통해 너무나도 절실히 깨달을 수 있어요. 결국 행운과 불운은 자신이 만드는 것입니다. 이 책은 바로 그것을 알려 주고 있어요.

일단 구성부터가 신선한 책이에요. 앞에서부터 읽으면 '행운 씨'의 여행 이야기가 펼쳐지고, 뒤에서부터 읽으면 '불행 씨'의 여행 이야기가 펼쳐져요. 두 사람은 모르지만, 여행 내내 여기저기에서 인연을 이어 갑니다. 책의 곳곳에 두 사람이 스쳐 지나가는 장면이 자주 나오는데, 두 사람의 인연을 찾아가는 재미가 아주 쏠쏠해요. 아이와 함께 그런 장면들을 찾아 나가면 매우 즐거운 독서 시간이 될 거예요.

표지부터 두 사람의 인연이 눈에 띕니다. 행운 씨 이야기 표지에는 행운 씨가 에스컬레이터를 타고 올라가고 있는데, 그 맞은편 내려가는 곳에는 불운 씨가 타고 있어요. 반대로 불운 씨 이야기 표지에는 불운 씨가 에스컬레이터를 타고 내려갈 때 맞은편에 행운 씨가 있는 것을 발견할 수 있어요.

그뿐만 아닙니다. 행운 씨가 비행기를 타고 떠나는 장면에서는 마을의 한 빌딩에 불이 난 것이 보이는데, 이 집은 다름 아닌 불운 씨의 집이었습니다. 불운 씨가 아침에 허겁지겁 서두르다가 가스 불을 끄지 않고 나가는 바람에 불이 창문 커튼에 옮겨 붙으면서 번지고 말았지 뭐예요.

행운 씨가 기차를 놓치는 바람에 렌터카를 빌려 여행을 하기로 결정했을 때, 렌터카 트렁크에 가방이 하나 있었어요. 그런데 그 가방의 주인 역시 불운 씨였지요. 급하게 내리느라 가방 하나를 놓고 내렸는데, 불운 씨는 끝까지 그 가방을 누가 훔쳐간 것이라고 생각하고 툴툴거려요. 열린 가방을 닫지 못해 버스를 놓쳐 버린 아주머니에게 도움을 주면서 행운 씨는 여행이 매우 행복하고 풍요로운 일들로 채워지는데, 불운 씨는 곤란한 상황에 처한 아주머니를 그냥 지나쳐요.

이것뿐만 아니라 둘의 인연은 책 곳곳에 깨알같이 숨어 있습니다. 아이와 함께 하나하나 찾아보세요. 숨은그림찾기보다 재미있을 것이라고 장담합니다.

이 책에서 진짜 찾아봐야 할 것은 행운을 불러오는 사람과 불운을 불러오는 사람은 습관과 생각과 행동이 어떻게 다른지예요. 처음 여행을 결심했을 때부터 보이는 행동부터가 달라요. 행운 씨는 여행사에 가서 예약을 하고 가는 방법을 귀기울여 들어요. 행운 씨는 느긋하고 여유로운 것을 좋아하거든요. 반면 불운 씨는 아무런 계획 없이 즉흥적으로 여행을 결심하고 일단 떠납니다. 그런데 늘 시간에 쫓겨 서두르는 바람에 사건 사고가 끊이질 않지요.

물론 행운 씨의 계획에 차질이 생겨 곤란한 상황에 빠지기도 합니다. 하지만 그 상황에 대해 절망스러워하거나 불만스러워하지 않고 오히려 자신이 처한 상황을 즐기면서 또 다른 기쁨을 찾아 나섭니다. 역시나 계획에 차질이 생기면 피곤해 하고 화를 내는 불운 씨와는 대비되는 모습이지요.

행운 씨와 불운 씨는 사람들을 대하는 태도도 달랐어요. 행운 씨는 가방이 열려 버스를 놓친 아주머니를 도와 가방을 닫아 주고 방금 빌린 렌터카로 아주머니를 집까지 데려다줘요. 하지만 불운 씨는 가방이 열려 버스를 타지 못하는 아주머니를 그냥 외면하고 제 갈 길을 갑니다. 그런데 아주머니의 가방이 서둘러 달려가는 불운 씨와 부딪치는 바람에 열린 것인지, 아니면 그냥 우연히 가방이 열렸는데 불운 씨가 그 곁을 지나간 것인지는 확실하지 않아요. 아이와 의견을 나누면서 어느 쪽이 맞을지 토론해 보는 것도 좋습니다.

그 밖에도 행운 씨와 불운 씨가 어떤 점이 다른지에 대해 생각을 정리해 보면서 행운이 찾아오는 사람과 불운이 찾아오는 사람의 차이점에 대해 알아보면 됩니다.

두 사람의 여행은 가운데 지점에서 끝이 납니다. 가운데에는 두 사람의 여행이 끝난 뒤 각자에게 어떤 일이 일어났는지를 보여 주는 펼침면이 등장하는데, 이 그림을 보면서 여행이 끝난 뒤 두 사람에게 어떤 일이 일어났을지 해석하는 시간을 가져 보세요. 어떻게 해석하느냐에 따라 다른 이야기가 전개될 거예요.

문해력을 키우는 추론 활동

이 책을 통해 행운이 찾아오는 사람과 불운이 찾아오는 사람의 차이점에 대해 깨달았겠지요? 행운이 찾아오는 것과 불운이 찾아오는 것은 결국 마음가짐과 생활 습관의 문제였어요. 우리 아이는 평소에 행운이 찾아오는 마음가짐과 생활 습관을 가지고 있을까요? 아이가 스스로 자신의 생활을 돌이켜볼 수 있는 기회를 먼저 주세요. 그다음 엄마의 생각도 이야기해 주고요.

문해력을 다지는 글쓰기 활동

행운이 찾아오는 사람과 불운이 찾아오는 사람의 특징에 대해 각각 글로 정리해 봅니다. 당연히 불운이 찾아오기를 바라는 사람은 없을 거예요. 그러므로 아이와 함께 행운이 찾아오게 하기 위한 나의 다짐까지 글로 정리해 본다면 마음가짐과 생활 습관을 바로잡는 기회가 될 거예요. 책을 통해 얻은 교훈을 자신의 생활과 연결 지어 생각하면 훨씬 더 현실적으로 느껴지면서 깨닫는 바가 커져요.

아직 한글을 쓰지 못하는 유아라면 이 활동은 아직까지 너무 어려울 수 있어요. 그러므로 행운 씨와 불운 씨에게 어울리는 수식어를 붙여 주는 것으로 마무리해도 충분합니다. 예를 들어 '친절한 행운 씨' 혹은 '툴툴이 불운 씨' 정도면 돼요.

진정한 행복 알기

행복한 청소부

모니카 페트 글 | 안토니 보라틴스키 그림 | 김경연 옮김 | 풀빛

이 책에 등장하는 청소부 아저씨는 그냥 평범한 청소부가 아닙니다. 음악가와 작가를 사랑하고, 그래서 음악가와 작가에 대해 열심히 공부하고, 그래서 사람들 앞에서 거리의 표지판을 닦으며 음악가와 작가에 대해 강연을 하는 아주 특별한 청소부지요.

강연을 하는 유명한 청소부가 되기 전부터 아저씨는 거리의 표지판을 닦는 자신의 일을 무척이나 사랑했어요. 청소부 아저씨가 담당하고 있는 거리는 작가와 음악가들의 거리였지요. 거리의 표지판에는 바흐 거리, 베토벤 거리, 괴테 거리 등과 같이 작가와 음악가들의 이름이 가득했어요.

그러던 어느 날 자신이 닦고 있는 거리의 표지판에 새겨진 '글루크'라는 사람에 대해 아무것도 아는 것이 없다는 사실을 깨닫게 돼요. 그때부터 청소부 아저씨는 음악가와 작가에 대해 공부를 하기 시작합니다. 음악회와 오페라 공연을 보고, 레코드 플레이어를 사서 레코드판을 올려놓고 음악도 들었어요. 도서관에 가서 작가들의 책을 빌려 읽기도 했고요. 그러면서 점점 음악가와 작가를 사랑하는 행복한 청소부가 되었고, 음악가와 작가에 대해 능숙하게 강연하는 특별한 청소부가 되었답니다.

음악가와 작가에 대해 공부하면서 청소부 아저씨는 동료 청소부에게 "참 안타까운 일이야. 좀 더 일찍 책을 읽을 걸 그랬어."라고 아쉬움을 토로합니다. 뒤늦게서야 배움의 즐거움과 필요성을 깨닫게 되었으니까요. 배움의 중요성에 대해 아이와 진지하게 이야기해 볼 수 있는 대목입니다. 공부하는 사람과 공부하지 않는 사람의 인생이 어떻게 달라지는지를 청소부 아저씨를 예로 들어 이야기 나누어 보세요.

배움은 매우 가치 있고 필요한 것이지만, 요즘 아이들은 대부분 배움의 즐거움을 마음껏 누리지 못합니다. 너무 많은 것을 배우고 있거든요. 또 자신이 배우고 싶은 것이 아닌, 엄마 아빠가 배워야 한다고 한 것을 배우고 있고요. 하지만 배움은 자신이 원하는 것에서 시작해야 즐거움이 커지고 효율성도 높아집니다. 청소부 아저씨의 사례만 봐도 충분히 알 수 있지요. 아이와 함께 배움의 중요성에 대해 이야기 나누면서 아이가 진짜 배워 보고 싶은 것을 발견할 수 있으면 좋겠네요.

거리에서 음악가와 작가에 대해 강연을 하게 된 아저씨는 방송국에서 촬영을 하러 올 만큼 유명해집니다. 그러고는 마침내 네 군데 대학에서 강연을 해달라는 부탁을 받았지요. 하지만 아저씨는 대학 교수 자리를 마다하고 표지판 청소부로 남습니다. 지금 그 자리에서 자신이 하고 싶은 일을 계속하기 위해서요.

대학 교수는 매우 명예로운 자리입니다. 게다가 표지판 청소부가 하루아침에 대학 교수가 된다는 것은 기적과도 같은 일이에요. 아마도 많은 사람이 더 유명해지고 돈도 더 많이 벌고 명예도 갖기 위해 대학 교수가 되는 길을 선택할 것 같은데 청소부 아저씨 생각은 다르네요. 아이와 함께 '만약 내가 청소부 아저씨였다면 어떤 선택을 했을까?'라는 주제로 이야기를 나누어 보세요. 아이의 생각을 들어 볼 때는 반드시 그렇게 생각하는 이유에 초점을 맞추어야 합니다. 거기에 아이의 진짜 생각이 담겨 있으니까요.

주인공의 입장이 되어 생각해 보는 시간을 가졌다면, 그다음에는 청소부 아저씨가 대학에서 강연을 맡아 달라는 요청을 받아들이고 청소부 일을 그만뒀다면 앞으로 청소부 아저씨의 인생은 어떻게 달라졌을지 상상하는 시간을 가져 봅니다. 지금보다 행복하지 않았을 수도 있겠지만, 지금보다 더 행복해졌을 가능성도 충분히 있습니다. 아이가 자유롭게 상상하여 이야기해 볼 수 있도록 여유 있게 기다려 주세요.

이 책의 제목은 '행복한 청소부'입니다. 여기에서 '행복'이란 어떤 뜻일까요? 먼저 아이에게 행복이 어떤 뜻인지 물어보세요. 우리가 일상생활에서 아주 흔히 쓰는 단어도 막상 그 뜻을 물어보면 어떤 단어로 어떻게 표현할지 몰라 많이 헤매게 돼요. 평소에 단어의 뜻을 아이가 말이나 글로 설명해 보는 기회를 자주 가지면 아이의 문해력이 당연히 향상됩니다. 행복이라는 친근한 단어로 이 활동을 시작해 보세요. 아이가 자신의 의견을 말했다면, 그다음에는 검색을 통해 그 단어의 정확한 뜻을 확인해야 해요.

아이가 행복의 정확한 뜻을 파악했다면, 그다음에는 청소부 아저씨가 행복할 수 있었던 이유에 대해 이야기 나누어 봅니다. 청소부 아저씨의 삶을 통해 진정한 행복은 무엇인지 아이가 깨달을 수 있을 거예요.

문해력을 키우는 추론 활동

아이와 함께 나는 무엇을 할 때 가장 행복한지에 대해 토론해 보는 건 어떨까요? 나를 가장 행복하게 하는 일을 이야기하고, 그 일을 할 때 어떤 기분이 드는지 떠올려 설명하면 됩니다. 아이의 의견을 들어 보고 엄마의 의견도 이야기해 주세요. 엄마의 의견을 이야기할 때는 '아이가 잘 크는 모습을 볼 때'라든지 '가족이 행복하게 잘 지낼 때'와 같이 엄마로서의 행복 말고 주체적인 한 사람으로서의 행복을 찾아 이야기하면 더욱 좋을 것 같아요.

문해력을 다지는 글쓰기 활동

행복한 내가 되기 위해 지켜야 할 부분들을 잘 정리하여 좌우명을 만들어 볼까요? 좌우명을 결정한 다음 예쁜 종이에 예쁘게 써서 잘 보이도록 벽에 붙여 둡니다. 마음에 드는 좌우명이 잘 생각나지 않는다면 인터넷 등을 통해 검색한 여러 가지 예시들을 참고해서 만들면 됩니다.

아직 한글을 쓰지 못하는 유아라면 좌우명을 결정한 다음 엄마가 써 주고 아이와 함께 잘 보이는 곳에 붙이면 됩니다.

많은 전문가들이 코로나19보다 지구 온난화로 인한 기후 변화로 훨씬 더 많은
사람들이 사망할 것이라고 진단하고 있지만, 사람들은 지구 온난화에는 무
덤덤한 모습을 보입니다.

지금 이대로라면 우리 아이들은 절망스러운 환경에 처해질 수밖에 없을 거예
요. 5장의 책 읽기를 통해 환경 문제의 심각성을 되짚어 봐야 하는 이유가 바
로 여기에 있습니다. 문해력뿐만 아니라 비판적 사고력도 키울 수 있는 절호
의 기회가 될 거예요.

05 *

엄마랑 책 읽고 문해력 수업 · 4

지구의 환경을
고민해요!

지렁이의 역할을 알고 보호하기

지렁이 굴로 들어가 볼래?

안은영 지음 | 길벗어린이

비가 내린 다음 날이면 길가에 지렁이가 죽어 있는 것을 본 적이 있나요? 제가 사는 곳은 비가 그치고 햇볕이 쨍하고 내리쬐면 비참한 죽음을 맞이한 큼지막한 지렁이들이 정말 많이 목격돼요.

그 모습을 보면 참 마음이 아픕니다. 여러 과학책을 통해 지렁이가 우리에게 얼마나 이로운 존재인지를 잘 알고 있기에 지구를 위해, 인간을 위해 많은 봉사를 해 준 대가치고 지렁이의 말로가 너무 안타까웠거든요. 한편으로는 궁금했습니다. 왜 지렁이들은 비 오는 날이면 굳이 밖으로 나와 죽음을 맞이하는 건지, 비가 그치는지 잘 살펴보다가 비가 그칠 것 같으면 얼른 지렁이 굴로 들어가면 되는데 왜 그러지 못하고 죽음을 맞이하는 걸까요?

『지렁이 굴로 들어가 볼래?』라는 책을 읽고 나니 그 궁금증이 시원스레 해결됐습니다. 그만큼 지렁이에 대한 유익한 정보를 세세히 알려 주는 책이에요. 글자 수가 많지는 않지만 이 책 한 권이면 지렁이에 대한 웬만한 정보는 든든히 챙길 수 있을 거예요.

맨 처음에는 지렁이가 땅 위에 똥을 누는 이유가 나와요. 시골이나 생태 체험장에 가보면 땅에 작은 탑처럼 쌓여 있는 조그마한 흙무더기 같은 것을 볼 수 있어요. 그것이 바로 지렁이 똥일 수 있어요. 혹시 그런 흙무더기를 보거나 만져 본 경험이 있다면 그 이야기를 나누면서 아이와 즐거운 시간을 보내 보세요. 그것이 흙이 아니라 지렁이 똥이었다는 사실을 알았을 때 아이의 반응을 살피면서 적절하게 상호 작용을 하면 됩니다.

그리고 나서 지렁이가 똥을 자신들이 사는 지렁이 굴이 아닌 땅 위에 누는 이유를 이야기해 주세요. 또한 지렁이 똥은 우리에게 보물처럼 소중한 것이라는 이야기도 해 주세요. 지렁이 똥에는 식물에 좋은 영양분이 듬뿍 들어 있기 때문에 아주 좋은 거름이 되거든요. 이런 이야기들을 들려주면 혹시나 아이가 지렁이 똥을 만졌던 기억을 좋은 추억으로 간직할 수 있지 않을까요?

5장의 주제는 '지구의 환경을 고민해요!'예요. 그러므로 지렁이가 지구의 환경에 어떤 영향을 미치는지 아는 것이 핵심입니다. 이 책에는 그런 핵심적인 내용들이 간결하면서도 이해하기 쉽게 잘 담겨 있어요.

일단 지렁이는 썩는 건 뭐든지 먹어 치워요. 낙엽이든 헝겊이든 음식 찌꺼기든 다 먹어 치우지요. 지구의 쓰레기를 먹어 치우는 역할을 하는 지렁이에게는 '청소부'라는 별명이 붙었을 정도니까요. 아마 지렁이가 없다면 우리 지구가 쓰레기로 몸살을 앓을 거예요. 아이와 함께 이런 이야기들을 나누면서 지렁이에게 어울릴 만한 별명을 지어 주세요. 그냥 청소부 말고 그 앞에 적절한 형용사를 붙여 줘도 좋겠지만, 새로운 해석이 담긴 단어를 생각해 내면 더욱 좋을 것 같습니다.

지렁이가 땅속에 만드는 지렁이 굴은 식물들이 성장하는 데 좋은 환경을 만들어 주기도 합니다. 식물이 뿌리를 내리기도 쉽고 공기도 잘 통하고 물도 잘 스며들기 때문이에요. 앞에서 이야기한 것처럼 지렁이의 똥이 식물에게 좋은 거름이 되는 것도 지렁이의 아주 중요한 역할 중 하나예요. 덕분에 잘 자란 식물을 사람들과 동물들이 먹잖아요. 결국 지렁이는 지구에서 가장 부지런하게 살림꾼 역할을 해내고 있어요.

하지만 우리는 지렁이에게 별다른 고마움을 느끼지 않고 살아갑니다. 지렁이가 우리를 위해 어떤 역할을 하는지 알았으니 지렁이에게 고마움을 표현하는 시간을 가져 보세요. 그림책 속 지렁이를 향해

"지렁이야, 네가 그렇게 많은 일들을 하고 있는지 몰랐어. 너는 눈도 없고 코도 없고 귀도 없고 이빨도 없지만 정말 할 줄 아는 것들이 많네. 나도 앞으로 너처럼 부지런히, 열심히 살아갈게."와 같이 이야기해 주면 됩니다.

지렁이가 비 오는 날 밖으로 나왔다가 햇볕을 쬐면 죽음을 맞이하는 이유는 책의 마지막에 등장합니다. 굴 속에 물이 차서 숨을 쉬려고 올라왔다가 물이 빠지면 다시 굴로 들어가야 하는데, 콘크리트가 깔린 길로 나온 지렁이는 그럴 수 없다는 거예요. 그러다가 햇볕을 쬐면 몸이 마르면서 죽음을 맞이해요. 지렁이는 몸이 촉촉해야 피부로 숨을 쉬고 움직일 수 있거든요.

지렁이는 살기 위해 굴 밖으로 나온 것인데, 우리 사람들의 편의를 위해 만들어 놓은 인공물로 인해 억울한 죽음을 맞이했다고 볼 수 있겠네요. 인공물을 만드는 것 자체가 지구의 환경을 파괴하는 일인데, 그로 인해 보이지 않는 곳에서 부지런히 지구를 지키고 있는 지렁이들까지도 희생을 당하고 있다니 여러 모로 반성해야 할 일인 것 같습니다.

우리가 지렁이를 위해 해 줄 수 있는 건 많지 않지만, 비 오는 날 콘크리트 길로 나왔다가 억울한 죽음을 당하는 것을 막을 방법은 있어요. 이 책의 마지막에 그 방법이 나온답니다. 아이와 함께 실천할 수 있을지 없을지 의논을 한 뒤, 실천할 수 없는 방법이라면 적절한 대안을 찾아보도록 합니다. 내가 할 수 있는 것과 할 수 없는 것을 판단한 뒤, 주어진 조건 하에서 최선의 방법을 찾는 것은 문제 해결력을 키우는 데 큰 도움이 됩니다.

 문해력을 키우는 추론 활동

이처럼 지렁이가 지구를 위해 많은 일을 하고 있는데도 불구하고 사람들이 지렁이의 중요성을 알지 못한 때가 있었어요. 그래서 더 많은 수확물을 얻기 위해 농약과 화학 비료를 살포했고, 그 과정에서 지렁이의 개체수가 크게 줄어들기도 했지요. 지렁이가 줄어들면서 죽은 땅으로 변해가자 그제야 사람들은 지렁이의 소중함을 깨닫게 되었답니다.

이와 같은 이야기를 나누다 보면 아이가 지렁이의 역할에 대해 더 많은 것을 알게 될 거예요. 그래서 저는 이 책을 읽기 전에 엄마가 먼저 『지구를 구한 꿈틀이사우루스』라는 책을 읽고 지렁이에 대한 사전 지식을 쌓은 뒤 아이와 함께 『지렁이 굴로 들어가 볼래?』를 읽는 것을 추천합니다. 책장을 넘길 때마다 아이에게 지렁이에 대한 부연 설명을 아주 풍부하게 해 줄 수 있을 것 같거든요.

문해력을 다지는 글쓰기 활동

보이지 않는 곳에서 지구의 청소부 역할을 성실하게 해내고 있는 지렁이에게 고마운 마음을 담아 편지글을 써 보도록 합니다. 아직 한글을 쓰지 못하는 유아라면 고마운 마음을 말로만 표현해도 괜찮습니다.

생활 속에서 환경 보호 실천하기

빨간 지구 만들기 초록 지구 만들기

한성민 지음 | 파란자전거

14가지의 빨간 지구를 만드는 방법과 14가지의 초록 지구를 만드는 방법을 소개하고 있는 책이에요. 여기에서 빨간 지구란 환경 오염으로 인해 지구 온난화가 이루어지고 있는 지구를 말하고, 초록 지구란 자연이 살아 있는 오염되지 않은 지구를 말해요. 아이에게 먼저 빨간 지구는 무엇이라고 생각하는지, 초록 지구는 무엇이라고 생각하는지 물어본 뒤 정확한 의미를 알려 주고 읽기를 시작해야 더 큰 효과가 있을 거예요.

이 책은 특이하게도 앞뒤로 책을 넘겨볼 수 있도록 구성되어 있습니다. 한쪽은 빨간 지구를 만드는 방법이 쭉 나오고, 반대쪽은 초록 지구를 만드는 방법이 쭉 나와요. 이렇게 만든 이유는 작가 소개 바로 아래 잘 나와 있습니다. 빨간 지구와 초록 지구는 손바닥과 손등 같고, 우리의 의지에 따라 손바닥을 보여 줄지 손등을 보여 줄지 결정할 수 있는 것처럼 빨간 지구 만들기와 초록 지구 만들기도 우리가 결정할 수 있다는 것을 보여 주고 싶었대요. 아주 멋진 기획 의도입니다.

빨간 지구 만들기에는 불 켜 놓고 나가기, 백열등 쓰기, 문어발식 콘센트 쓰기, 샤워 오래 하기, 종이컵 쓰기, 햄버거 먹기, 온도 올리기, 비닐봉지·종이봉투 쓰기, 쓰레기 버리기, 자동차 타기, 비행기 타기, 대형 마트 가기, 나무 자르기, 화석 에너지 쓰기가 나옵니다. 초록 지구 만들기에는 스위치 끄기, 형광등 쓰기, 플러그 뽑기, 함께 목욕하기, 내 컵 쓰기, 채소 먹기, 스웨터 입기, 장바구니 쓰기, 재활용하기, 자전거 타기, 버스·기차 타기, 바꿔 쓰기·나눠 쓰기, 나무 심기, 재생 에너지 쓰기가 나오고요.

빨간 지구를 만드는 방법과 초록 지구를 만드는 방법은 다 같이 짝을 이루어요. 예를 들어 빨간 지구 만들기 첫 번째가 불 켜 놓고 나가기라면 초록 지구 만들기 첫 번째는 스위치 끄기입니다. 빨간 지구 만들기 마지막이 화석 에너지 쓰기라면 초록 지구 만들기 마지막은 재생 에너지 쓰기이고요.

빨간 지구 만들기를 처음부터 끝까지 쭉 읽고 그다음에 초록 지구 만들기를 쭉 읽는 것도 좋겠지만, 빨간 지구 만들기 하나 읽고 그와 짝을 이루는 초록 지구 만들기를 교차로 읽으면 효과가 더 클 것 같아요. 같은 상황에서 빨간 지구를 만드는 습관과 초록 지구를 만드는 습관이 어떻게 다른지 금방 비교가 될 테니까요.

다 읽은 다음에는 아이와 함께 '수수께끼 놀이'를 해 보자고 제안합니다. "왜 백열등 쓰기는 빨간 지구를 만들고 형광등 쓰기는 초록 지구를 만들까?", "왜 화석 에너지는 빨간 지구를 만들고 재생 에너지는 초록 지구를 만들까?"라고 문제를 내면 돼요. 사실 책의 내용을 잘 읽었는지 다시 한번 확인하는 과정이지만 아이들은 거기에 '수수께끼'라든지 '미션'과 같은 의미를 부여하면 놀이처럼 즐겁게 빠져들어요.

아이가 책의 내용을 잘 이해한 것 같다면 그동안 나의 생활 습관은 빨간 지구를 만드는 데 더 가까웠는지 초록 지구를 만드는 데 더 가까웠는지 스스로 평가해 보도록 해 주세요. 빨간 지구를 만드는 편이었다고 이야기한다면 그렇게 생각하는 이유를 들어 보세요. 마찬가지로 초록 지구를 만드는 편이었다고 이야기해도 이유가 더 중요합니다. 빨간 지구를 만들기도 하고 초록 지구를 만들기도 했다고 대답할 수도 있는데, 이때도 꼭 그렇게 생각하는 이유를 표현할 수 있도록 도와주세요.

그리고 마지막으로 "네가 원하는 지구는 빨간 지구니, 초록 지구니?"라고 질문해 봅니다. 아이는 당연히 초록 지구라고 이야기할 것입니다. 그러면 초록 지구를 만들기 위해 앞으로 노력해야 할 점에 대해 이야기 나누세요. 이 책에 등장한 초록 지구를 만드는 14가지 방법 중에 아이가 실천할 수 있는 것들을 골라 앞으로 그것들을 더욱 철저하게 지켜 나갈 것을 다짐해도 좋습니다.

 문해력을 키우는 추론 활동

최근 지구 온난화가 급속도로 이루어지고 있다고 하는데, 지난 100년 동안 지구의 온도는 0.6~0.7℃ 정도 상승했다고 합니다. 채 1℃도 상승하지 않았기 때문에 별거 아니라고 생각해도 될까요? 천만의 말씀입니다. 지구의 온도가 2℃만 상승해도 지구 동물의 3분의 1이 멸종 위기에 처하고, 3℃가 상승하면 지구 생물의 절반 정도가 멸종 위기에 처한다고 해요. 4℃ 상승하면 유럽의 온도가 50℃까지 올라가면서 지중해 쪽 국가들이 사막으로 변할 수 있다고 하고, 5℃ 상승하면 북극과 남극의 빙하가 모두 사라지고 뉴욕과 런던이 완전히 침수되어 지도에서 사라진다고 합니다. 그리고 6℃ 상승하면 지구상의 생명체가 종말을 맞이하고 곰팡이류만 살아남는다고 알려져 있어요.

굉장히 심각하지요? 이런 이야기들을 나누면서 지구 온난화의 심각성에 대해 생각하는 시간을 가져 보는 게 좋겠습니다.

문해력을 다지는 글쓰기 활동

앞에서 초록 지구를 만드는 14가지 방법 중 아이가 자신이 실천할 수 있는 것들을 골랐다면, 이것을 가지고 직접 체크 리스트를 만들어 봅니다. 아이가 매일매일 실천했는지를 체크할 수 있는 칸도 만들어 놓으면 더욱 좋겠지요. 이 방법은 생활 습관을 바로잡는 데도 효과가 있기 때문에 적극 추천합니다.

아직 한글을 쓰지 못하는 유아라면 엄마가 아이의 의견을 반영해서 표를 만들어 주고, 아이가 체크 리스트에 표시만 할 수 있도록 해 주면 됩니다. 아이가 스스로 체크할 수 있도록 하기 위해서는 표를 만들 때 그림으로 표현하는 것이 더 좋을 거예요.

쓰레기 문제 인식하기

쓰레기가 쌓이고 쌓이면…

박기영 글 | 이경국 그림 | 웅진주니어

코로나19로 인해 안 그래도 넘쳐나던 쓰레기가 더 많이 배출되었다고 하지요. 배달 음식을 자주 먹게 되니 어쩔 수 없이 포장 용기 사용이 늘고, 비대면 쇼핑이 활성화되면서 택배 양이 늘고, 음식점이나 카페에서도 위생적으로 안전해 보이는 일회용품을 선호하다 보니 어쩔 수 없이 쓰레기가 폭발적으로 증가하고 있어요.

쓰레기 문제는 더 이상 방치할 수 없을 만큼 심각한 지경에 이르렀어요. 지구의 분해자인 미생물들이 감당할 수 없을 정도로 쓰레기양이 너무 많고, 또 너무 낯설어서 미생물들이 분해할 수 없는 쓰레기들도 등장하고 있거든요. 그래서 우리는 모두 쓰레기 문제의 심각성을 인식하고 쓰레기를 줄이기 위한 노력을 기울여야 해요. 아이들도 예외일 수는 없습니다.

책을 읽으면서 쓰레기 문제에 한 걸음 한 걸음 다가가 보도록 할까요? 옛날에는 쓰레기가 문제 되지 않았는데 왜 요즘에는 심각한지부터 알아야 합니다. 그 부분은 책에 아주 잘 나와 있어요. 옛날에는 땅은 넓고 사람 수는 적은 데다가 자연에서 재료를 구해 필요한 것을 만들어 썼기 때문에 다 쓴 뒤에도 쓰레기가 되는 것이 아니라 다시 땅으로 돌아갔지요. 하지만 요즘은 쓰레기양이 너무 많아진 데다가 일회용품을 많이 쓰는 바람에 쓰레기로 몸살을 앓고 있어요. 이런 내용들이 책에 쉽게 잘 설명되어 있으니 한 줄 한 줄 읽어 나가면서 이야기를 나누면 됩니다.

그렇다면 쓰레기 문제가 심각해진 것은 언제부터일까요? 저는 쓰레기 문제에 대해 설명을 할 때는 늘 산업 혁명 이야기부터 꺼냅니다. 산업 혁명이 일어나기 전에는 사람들이 필요한 물건을 하나하나 만들어 썼잖아요. 그런데 산업 혁명이 시작되면서 공장이 만들어지고, 공장에서는 기계를 통해 대량 생산을 하게 되었죠. 그러면서 다양한 물건들이 우르르 쏟아져 나오기 시작했고, 생산이 많다 보니 당연히 버려지는 것도 많아질 수밖에 없었어요. 우리 생활은 매우 편리해졌지만,

그 대가로 쓰레기 문제가 발생하고 말았답니다.

산업 혁명이 일어난 것이 불과 3백여 년밖에 되지 않으니, 지구가 쓰레기로 몸살을 앓기 시작한 것도 3백여 년밖에 되지 않았다고 볼 수 있겠지요. 산업 혁명이라는 말 자체는 아이들에게 어려울지 몰라도 공장이나 기계, 대량 생산 같은 이야기를 해 주면서 그 이후 쓰레기가 많아졌다고 이야기하면 아이들도 충분히 이해할 수 있어요.

이 책은 쓰레기 문제에 대해 비교적 잘 설명하고 있지만 현실은 그보다 더 심각하고 비참합니다. 책을 읽고 나서 좀 더 쓰레기 문제에 접근하기 위해 쓰레기 섬 또는 쓰레기 산 사진이나 동영상 같은 자료들을 검색해서 아이들과 공유하면 좋을 것 같아요. 책을 통해 보는 것보다 훨씬 더 실감이 날 거예요.

우리가 버린 쓰레기 때문에 고통받고 있는 동물들의 사진이나 동영상을 보여 주는 것도 추천합니다. 다양한 동물들이 각기 다른 이유로 쓰레기로 인해 고통을 받고 있습니다. 생존에 위협을 느낄 지경이지요. 이러한 동물들의 고통에 공감한다면 아이들은 생활 속에서 쓰레기를 줄여 나가려는 노력을 기울일 것입니다.

세상은 자기가 아는 만큼 보이는 법입니다. 이 책을 통해, 그리고 엄마와 함께 찾은 자료들을 통해 쓰레기 문제의 심각성을 깨달았으니 이제 생활 속에서 어떤 노력을 기울여야 하는지 다짐해 볼 시간이에요. 나는 앞으로 쓰레기를 줄이기 위해 어떤 노력을 기울일 것인지 이야기 나누어 보세요. 아이가 앞으로 지키겠다고 다짐한 내용들을 체크 리스트로 만들어서 벽에 붙여 놓아도 좋습니다.

쓰레기 문제는 나 혼자만 잘 지킨다고 해결될 수 있는 문제가 아니에요. 주변 사람들의 적극적인 동참이 필요합니다. 그러기 위해서 우리 가족은, 친구들은, 이웃들은 쓰레기를 줄이기 위해 어떤 노력을 기울일 수 있을지 생각해 본 뒤, 어떻게 하면 주변 사람들을 동참시킬 수 있을지에 대한 방법도 연구해 보세요.

 문해력을 키우는 추론 활동

이 책은 작가의 말이 맨 마지막장에 등장하는데요. 작가의 말 중에 '도시 광산'이라는 단어가 나옵니다. 도시 광산은 안 쓰는 전자 제품에서 산업에 필요한 금속을 분리하여 재활용하는 것을 말해요. 저도 처음 들어 보는 말이어서 신선했어요. 하지만 꼭 필요한 일이어서 가슴 깊이 새겨야겠다고 느꼈습니다.

일상생활에서 쓸모없어진 전자 제품을 버릴 일이 많잖아요. 버려지는 제품에서 금이나 은 같은 금속들을 얻을 수 있다는 사실은 아이들의 호기심을 자극할 수 있을 거예요. 아이들에게 가장 익숙한 전자 제품인 휴대 전화에는 평균 금 0.034g, 은 0.2g, 구리 10.5g이 포함되어 있다고 하네요. 더 놀라운 것은 금 1kg을 얻으려면 천연 광석은 약 1,000톤이 필요하지만, 휴대 전화는 약 3톤만 있어도 금 1kg을 얻을 수 있대요. 휴대 전화 3톤은 개수로 따지면 약 3만 대 정도라고 생각하면 됩니다.

도시 광산을 개발하는 것이 그냥 광산을 개발하는 것보다 훨씬 효율적이겠어요. 아이와 도시 광산에 대해 이야기를 나누면서 가전제품을 재활용하는 것이 왜 중요한지 이해하는 시간을 가져 보세요.

문해력을 다지는 글쓰기 활동

쓰레기가 쌓이고 쌓이면 이 세상은 어떻게 될지, 쓰레기로 뒤덮인 세상을 그림으로 표현해 봅니다. 그러고 나서 쓰레기가 쌓이고 쌓이면 어떤 점이 불편할지 글로 써 봅니다. 문장을 자연스럽게 이어서 쓰면 좋겠지만, 아직 긴 글을 쓰기 어려워 한다면 1, 2, 3과 같이 번호를 붙여 한 문장씩 써도 됩니다. 한 문장 한 문장을 정확하게 잘 써야 긴 글도 잘 쓸 수 있어요. 긴 글은 여러 문장이 모여 만들어지니까요.

아직 한글을 쓰지 못하는 유아라면 쓰레기로 뒤덮인 세상을 그림으로 그린 뒤 어떤 점이 불편할지 엄마와 이야기 나누어 봅니다.

쓰레기 재활용 실천하기

너에겐 고물? 나에겐 보물!

허은미 글 | 윤지 그림 | 창비

이 책은 창비의 지구살림그림책 시리즈 중에서 되살림, 그러니까 재활용에 대한 내용을 담고 있어요. 주인공은 여섯 번째 생일 선물로 받은 곰 인형을 매우 아꼈으나, 일곱 번째 생일 선물로 또다시 커다란 인형을 받고 나서는 곰 인형을 멀리하다가 결국 버렸어요. 그것을 고물 할아버지가 발견했는데, 특별한 장소로 곰 인형을 데려간 뒤 새로운 주인을 찾아 줍니다. 곰 인형은 새 주인에게 사랑을 듬뿍 받으면서 다시 행복한 삶을 살게 돼요.

자신이 버린 곰 인형이 다른 누군가에게는 소중한 보물이 될 수 있다는 사실을 지켜본 주인공은 보물이 될 수 있는 또 다른 고물을 찾아 나서는 고물 할아버지와 함께 재활용의 중요성을 깨닫는 여정을 떠납니다. 이것이 이 책의 기본 줄거리예요.

　가장 먼저 주인공으로부터 버림을 받은 곰 인형이 새로운 주인을 만난 곳이 어디인지에서부터 이야기를 시작해 볼까요? 곰 인형은 '고물 할아버지가 나를 발견해서 어딘가로 데려갔지.'라고 말을 하는데 그 어딘가가 어디인지는 더 이상 설명하지 않아요. 그런데 그림을 꼼꼼히 살펴보니 판매원이 서 있는 뒤쪽으로 '아름다운가게'라고 쓰여 있네요. 곰 인형이 새 주인을 찾은 곳이 어디인지 짐작이 가지요?

　아이와 함께 아름다운가게에서 하는 일들에 대해 이야기를 나누어 보세요. 아름다운가게를 위키백과에서 검색해 보면 '아름다운가게의 가장 핵심적인 주제이자 사명은 나눔과 순환 그리고 시민의 참여이다. 아름다운가게는 영리를 추구하지 않으며 그 수익금을 제3세계 사람들과 사회적 약자를 위해 사용하고 있다.'라고 설명하고 있어요. 아름다운가게를 통해 내가 쓰던 물건을 기부할 수도 있고 다른 사람들이 기부한 물건을 구입할 수도 있어요.

　이렇게 기증하고 후원하고 구입할 수 있는 곳은 아름다운가게 이외에도 여러 단체가 있습니다. 굿윌스토어나 옷캔 같은 곳도 아름다운가게만큼은 아니지만 비교적 잘 알려진 단체들이에요. 이런 단체들을 통해 아이가 직접 물건을 기부하고, 또 매장을 방문해 다른 사람이 기부한 물건 중에서 필요한 물건을 구입하는 경험을 해 보면 좋을 것 같습니다. 이것이야말로 '아나바다'를 제대로 실천하는 길이지요. 하지만 각 단체별로 기부하고 구입하는 방법이 조금씩 다를 수 있으니 미리 알아보고 실행해 볼 것을 권합니다.

저는 개인적으로 이 책에서 '쓰레기차 삼총사' 이야기가 제일 재미있었어요. 쓰레기차가 쓰레기를 수거해 가면 그것이 어떻게 처리될까에 대해 궁금해하는 아이들이 많을 거예요. 일반 쓰레기, 음식물 쓰레기, 재활용 쓰레기가 어떤 과정을 거쳐 처리되는지를 자세히 알려 주기 때문에 궁금증이 깔끔하게 해소되리라 믿습니다.

혹시나 쓰레기가 어떻게 처리되는지에 대해 평소에 별 관심이 없던 아이라면 이 책을 통해 관심을 갖는 계기가 되었으면 좋겠어요. 매일 어마어마한 쓰레기가 쏟아져 나오는 세상에서 살아가고 있는 우리는 쓰레기를 조금이라도 줄이기 위해 커다란 노력을 기울여야 합니다. 쓰레기를 제대로 버리고, 재활용할 수 있는 것은 최대한 재활용해야겠지요. 그러기 위해서는 쓰레기가 어떻게 처리되는지 꼭 알아야 합니다.

쓰레기 처리 과정을 살펴보면서 그동안의 실수를 반성해 보세요. 소각장으로 가야 하는 쓰레기봉투에 혹시나 소각장으로 가면 안 되는 쓰레기를 버린 적은 없는지, 제대로만 버리면 100% 재활용할 수 있는 음식물 쓰레기에 닭 뼈나 복숭아씨나 조개껍데기 같은 것들을 포함시킨 적은 없는지, 고물이 아닌 보물이 될 수 있는 재활용품을 제대로 분리수거하지 않고 버린 적은 없는지 떠올려 보는 거예요.

빈도의 차이일 뿐, 누구나 다 그런 경험은 있을 테지요. 완벽하게 지킬 수는 없겠지만, 쓰레기 문제의 심각성을 깨닫고 재활용을 열심히 하려는 마음가짐은 꼭 필요합니다. 고물 아저씨를 따라다니면서 앞으로는 함부로 쓰레기를 버리지 말고, 꼭 버려야 할 쓰레기는 잘 분리해서 버려야겠다고 결심한 주인공처럼요. 마음가짐이 굳건하면 어느새 몸도 마음을 따르고 있을지 모릅니다.

 문해력을 키우는 추론 활동

쓰레기 분리수거를 할 때 종류별로 각기 다른 기준이 있기 때문에 주의를 기울여야 해요. 예를 들어 같은 종이여도 신문지는 반듯하게 묶어서 배출해야 하고 공책은 비닐 코팅된 표지를 제거한 뒤 배출해야 합니다. 비닐 코팅된 광고지는 재활용이 안 되고, 우유팩은 물로 헹군 후 펼치거나 압착하여 종이류와 별도로 배출해야 하지요. 재활용이 되는 물건이라도 오염 물질이 묻어 있으면 재활용이 안 되고, 재활용이 되는 줄 알았는데 사실은 재활용이 안 되는 물건도 많아요.

인터넷에 '재활용품 분리 배출 요령'이라고 검색하면 각 종류별로 배출하는 방법을 상세하게 알 수 있습니다. 아이와 함께 숙지한 뒤 그동안 분리수거를 잘하고 있었는지 이야기 나누어 보세요. 그리고 나서 아이와 함께 재활용품 분리수거를 해 보세요. 백문이 불여일견(百聞不如一見)이며, 백견이 불여일행(百見不如一行)이라고 하잖아요. 직접 실천해 봐야 중요성과 어려움을 더욱 더 절실히 깨달을 거예요.

문해력을 다지는 글쓰기 활동

이 책의 끝에는 '나의 아름다운 손도장 수첩'이라는 것이 첨부되어 있습니다. 손도장 수첩에 쓰레기를 최대한 줄이기 위한 나의 약속을 적어 보고 그것을 지킬 때마다 손도장을 찍어 나무를 완성하는 활동을 해 보세요.

아직 한글을 쓰지 못하는 유아라면 아이가 약속한 것을 엄마가 대신 써준 뒤, 아이가 그 약속을 잘 지켰을 때 손도장을 찍게 해 주면 됩니다.

지구 온난화 해결 방법 찾기

투발루에게 수영을 가르칠 걸 그랬어!

유다정 글 | 박재현 그림 | 미래아이

지구 온난화로 인해 북극과 남극의 빙하가 녹으면서 해수면이 점점

높아지고 있다는 사실은 이제 너무나도 잘 알고 있을 거예요. 일부 섬

나라가 수몰되고 있다는 뉴스도 종종 접했던 터라 모르고 있지는 않

을 듯합니다. 투발루는 해수면 상승으로 수몰 위험에 빠진 가장 대표

적인 나라예요. 9개의 섬으로 이루어진 투발루는 해발 4m가 가장 높

은 지대일 정도로 섬이 전체적으로 수몰되고 있어요. 해수면이 높아

지면서 식수도 부족해지고 살 수 있는 땅도 줄어드는 등 총체적인 난

국에 빠져 있답니다.

『투발루에게 수영을 가르칠 걸 그랬어!』는 투발루 섬에서 살아가던 로자가 지구 온난화로 고향이 물에 잠기기 시작하면서 이웃나라로 거처를 옮기게 되는 이야기예요. 이처럼 기후 변화로 인해 더 이상 살 길이 막막하여 다른 나라로 이동하는 사람들을 '기후 난민'이라고 합니다. 전쟁으로 야기된 혼란과 위험을 피해 다른 나라로 이동하는 '전쟁 난민'과는 또 다른 난민이지요.

이웃나라로 떠나면서 로자는 너무나도 아끼는 고양이 투발루와 눈물의 작별을 하게 됩니다. 내용은 비교적 단순하지만 그 안에 담겨 있는 메시지는 전혀 단순하지 않아요. 기후 변화로 인해 별안간 삶의 터전을 잃게 된 사람들의 처절한 상황을 그냥 넘겨서는 안 됩니다.

투발루에 대해 이야기하고 있는 책이니만큼 일단 투발루가 어떤 나라인지 알아야겠지요? 투발루는 남태평양에 위치하고 있는 섬나라예요. 집에 지구본이 있다면 투발루가 어디에 있는지 함께 찾아보면 좋을 것 같습니다. 지구본이 없다면 세계 지도에서 찾아보는 것도 괜찮습니다. 그런데 찾기가 쉽지는 않을 거예요. 세계에서 네 번째로 작은 나라이기 때문에 점으로 표시되어 있을 테니까요. 그래도 세심하게 찾으면 찾을 수 있답니다.

그다음에는 투발루의 국기도 찾아보세요. 투발루의 국기는 파란색 바탕에 9개의 별, 그리고 영국 국기가 담겨 있습니다. 국기를 살펴보면서 아이와 함께 왜 투발루의 국기에는 9개의 별이 그려져 있는지, 왜 난데없이 영국 국기가 들어가 있는 건지 이야기를 나누어 보는 것도 재미있습니다.

참고로 9개의 별은 투발루가 9개의 섬으로 이루어져 있다는 것을 표현하는 것이고, 영국 국기가 들어가 있는 것은 영연방 국가이기 때문입니다. 영연방은 과거에 영국의 식민지였던 52개국으로 이루어져 있는 국제기구예요. 그러므로 국기에 영국 국기가 들어가 있다면 그것은 한때 영국의 식민지였던 나라라고 생각하면 됩니다. 투발루도 영국의 식민지였다는 뜻이겠지요.

하지만 영연방 국가라고 해서 다 국기에 영국 국기가 들어 있는 것은 아닙니다. 캐나다나 말레이시아 같은 나라는 영연방 국가이지만 국기에 영국 국기가 포함되어 있지 않아요. 인터넷에서 영연방 국가의 국기들을 검색한 뒤 영국 국기가 들어가 있는 국기와 그렇지 않은 국기를 구분해 보는 것도 사고력을 확장시키는 데 도움이 될 듯합니다.

투발루에 대한 조사를 마쳤다면 아이와 함께 책의 내용을 차근차근 읽어 나갑니다. 책의 내용은 어려운 것이 없어서 술술 읽힐 거예요. 다만 책을 다 읽고 나서 신중하게 나누어 볼 이야기들은 많습니다. 일단 아이에게 왜 작가는 고양이 이름을 '투발루'라고 했을지 물어보세요. 아무래도 로자와 함께 떠나지 못해 물에 빠져 죽을 위기에 처한 고양이 투발루가 지구 온난화로 인해 해수면이 높아지면서 물에 잠길

위기에 처한 투발루 섬의 운명과 같기 때문에 그런 이름을 붙이지 않았을까 싶어요.

다소 엉뚱한 질문일 수도 있겠지만, 작가는 왜 강아지가 아니라 고양이를 로자의 친구로 선택했을지도 물어보면 좋겠습니다. 그 어디에도 그에 답은 나오지 않지만 제 개인적인 생각은 물을 너무 싫어하는 고양이의 특성을 통해 물에 잠기고 싶지 않아 발버둥치고 있는 투발루 섬의 상황을 표현하고자 했던 것이 아닐까 싶어요. 제가 고양이를 키워 봤는데 고양이는 물을 정말 싫어하거든요. 물론 이것은 제 개인적인 생각이므로 아이와 함께 자유롭게 의견을 나누어 보세요.

또한 로자의 할아버지는 왜 떠나지 않고 투발루 섬에 남았는지에 대해서도 이야기를 나눠 보면 좋겠습니다. 이것 역시 정답은 없지만, 그런 선택을 했던 이유를 대강은 짐작할 수 있을 것 같아요.

 문해력을 키우는 추론 활동

해수면 상승으로 인해 고양이 투발루와 헤어져야 하는 로자는 마음이 얼마나 아플까요? 게다가 투발루는 수영도 못하잖아요. 섬이 물에 잠기면 수영을 못하는 투발루는 살지 못할 것이 뻔합니다. '진작에 수영이라도 가르쳐 줄 걸.' 하고 로자는 깊이 후회하고 있을 거예요.

아이와 함께 로자와 투발루가 다시 만나게 하기 위해 우리가 노력해야 할 점에 대해 이야기 나누어 보세요. 이 안타까운 이별이 지구 온난화에 의해서 비롯된 만큼, 지구 온난화를 줄일 수 있는 방법을 찾으면 됩니다. 쓰레기 줄이기, 물건 아껴 쓰기, 재활용 잘하기, 대중교통 이용하기 등 우리 주변에서 실천할 수 있는 일은 의외로 많습니다. 『빨간 지구 만들기 초록 지구 만들기』에서 초록 지구 만드는 방법을 참고하면 되겠네요.

문해력을 다지는 글쓰기 활동

투발루 이외에도 지구 온난화로 수몰 위기에 처한 나라가 더 있습니다. 몰디브, 키리바시, 피지, 토켈라우, 바누아투 등도 가혹한 운명에 처해 있지요. 지도에서 지구 온난화로 인해 수몰 위기에 처한 나라들을 찾아본 뒤 수몰 위기에 처한 나라 리스트를 만들어 보세요. 아이들에게 '수몰'이라는 단어가 어려울 수도 있겠으나, 새로운 어휘를 배우는 셈 치고 어떤 뜻인지 잘 알려 주면 좋겠습니다.

　아직 한글을 쓰지 못하는 유아라면 지도에서 어디에 위치하고 있는지 찾아보는 선에서 마무리하면 됩니다.

멸종 위기 동물 구하기

명품 가방 속으로 악어들이 사라졌어

유다정 글 | 민경미 그림 | 와이즈만북스

와이즈만 환경 과학 그림책 시리즈는 기발한 전개나 흥미로운 스토리는 없어도, 우리가 꼭 알아야 하지만 비교적 접근하기가 어려웠던 환경 관련 문제들에 대해 강력한 주제의식을 심어 줘요. 우리가 지구의 주인으로서 지구에서 벌어지고 있는 환경에 대해 잘 알아야 하는 것은 기본을 넘어 반드시 지켜야 할 의무입니다. 그 의무를 와이즈만 환경 과학 그림책 시리즈로 채워 나간다면 후회 없는 선택이 될 거예요.

와이즈만 환경 과학 그림책 시리즈 중에서 이 책은 멸종 위기에 처한 동물들 이야기예요. 동물들이 멸종 위기에 처하는 이유는 다양합니다. 기후 변화나 서식지 파괴로 인해 멸종되기도 하며, 회복할 수 없는 특정한 병이 유행하는 바람에 멸종되는 경우도 있어요. 이 책은 그중에서도 사람들이 요리를 만들어 먹고 액세서리나 옷을 만들어 치장하느라 멸종 위기에 처한 동물들의 이야기가 등장합니다. 동물들이 멸종하는 것은 대부분 사람들 탓이지만 그중에서도 먹고 치장하기 위해 동물들을 멸종 위기에 빠뜨리는 것은 너무 부끄러운 일 아닐까요? 아이에게도 사람들의 못난 선택에 대해 알려 주면서 동물들과 공존하며 살아가는 바람직한 방향을 제시해 줘야 합니다.

가장 먼저 사람들의 비정상적인 욕심으로 인해 멸종 위기에 처한 백두산호랑이, 코끼리, 뱀, 거북이, 고래, 악어 이야기 등을 차근차근 읽어 나가면서 동물들이 어떤 고통을 당하고 있는지 파악해 봅니다. 동물들이 느낄 공포와 고통을 아이가 잘 느낄 수 있도록 충분한 이야기를 나누면서 읽어 줘야 해요.

저는 아들과 함께 이 책을 읽을 때 유튜브에서 관련된 동영상을 찾아 더욱더 비참하고 끔찍한 실체를 보여 주기도 했어요. 사실 책의 내용은 귀여운 동물들 그림으로 구성되어 있기 때문에 실제 세상에서 벌어지고 있는 비극을 다 담아내지는 못했어요. 여기에서 끝내도 되지만, 저는 아들이 이 문제의 심각성에 대해 좀 더 가까이 접근하기를 바랐습니다. 그래서 유튜브에서 사람들이 하프물범을 사냥하는 장면을 보여 주며 함께 눈물 콧물 다 뺐던 기억이 있습니다.

하지만 이때 주의를 기울여야 할 부분이 있어요. 동영상 같은 시청각 자료를 참고할 때 그냥 흥미 위주로 보는 것이 아니라 아이들에게 정확한 메시지를 줘야 합니다. 예를 들어 어떤 엄마는 동영상을 보면서 "이런 나쁜 사람들은 하느님이 다 잡아가서 벌을 줄 거야."라는 피드백을 주었다고 하더라고요. 이런 피드백은 아이에게 주제의식을 심어 주지 못합니다. "사람들의 욕심으로 인해 이렇게 억울하고 비참한 죽음을 당하는 동물들이 너무나 많아. 어서 사람들이 욕심을 버리고 동물들과 공존하며 살아갈 수 있는 방법을 찾아야 해. 우리만이 지구의 주인이 아니라 지구에서 살아가는 모든 생물들이 다 지구의 주인이야."와 같은 객관적이고 논리적인 메시지를 전달해 줘야 합니다.

또한 아이가 볼 수 있을 만한 정제된 동영상을 찾는 것도 중요해요. 유튜브는 너무 자극적인 콘텐츠들이 많기 때문에 아이에게 적절한 정보를 제공할 수 있는 동영상을 세심하게 잘 찾아봐야 합니다.

지구상에는 수많은 동물들이 살아가기 때문에 몇 종류의 동물들이야 멸종해도 크게 상관없을 것 같은 생각이 들 수도 있어요. 이때는 책에 등장하는 도도새와 카라비아 나무의 사례를 읽어 주면서 '생태계 내 물질의 순환'에 대해 알려 주세요. 생태계는 생산자와 소비자, 분해자 사이에 서로 먹고 먹히는 관계가 사슬이나 그물처럼 연결되어 있지요. 그래서 먹이사슬, 먹이그물이라는 말도 있습니다. 생태계는 물질이 생물과 환경 사이를 끊임없이 순환하면서 유지돼요. 이런 현상을 '물질의 순환'이라고 하고요.

생태계는 물질의 순환이 잘 이루어져야 하는데, 어떤 종이 멸종하면 물질의 순환이 깨지면서 생태계에 위기가 닥쳐요. 이 내용을 알아야 아이가 생태계에서 살아가는 어느 한 종의 생물이라도 멸종되면 안 된다는 사실을 깨달을 수 있어요.

다행스럽게도 요즘은 인식들이 많이 전환되어 동물들을 함부로 잡아먹는다던가 동물들의 가죽이나 털로 옷과 액세서리를 만들어 소비하는 것에 대해 자숙하는 편입니다. 물론 여전히 그런 사람이 있기는 하지만, 적어도 예전처럼 동물의 털로 만든 코트를 입고 다니는 사람을 부러운 눈길을 쳐다보지는 않습니다. 사실 예전에는 모피 코트를 입고 다니는 것이 부의 상징이었잖아요. 그런데 요즘은 개념 없는 사람임을 인증하는 지름길이라고 하더라고요. 왜냐하면 어떤 과정을 통해 모피 코트가 만들어지는 것인지를 안다면 절대로 뽐내면서 입고 다닐 수는 없거든요. 원래 세상은 자신이 아는 만큼 보입니다.

사람들의 인식 전환으로 인해 동물들이 아주 조금 안전해지기는 했지만 그래도 여전히 멸종 위기에 빠진 동물들이 많아요. 책 마지막에는 이미 멸종된 동물들의 목록이 담긴 부록이 등장해요. 멸종된 동물들을 살펴보면서 아직까지는 멸종되지 않았지만 멸종 위기에 빠진 동물들을 어떻게 도와줄 수 있을지 이야기 나누면서 마무리하도록 합니다.

문해력을 키우는 추론 활동

채식주의자들은 육식주의자들이 고기를 먹는 것에 대해 비판합니다. 살아있는 동물을 죽여 음식으로 만드는 것 자체가 생명을 경시하는 일이고, 고기를 먹기 위해 키우는 가축들로 인해 지구의 환경도 오염된다고 보는 거예요. 하지만 잘 알다시피 단백질은 사람들이 살아가는 데 반드시 필요한 영양소이고, 두부와 같은 식물을 통해서 단백질을 얻는 것은 한계가 있습니다. 특히 성장기 아이들은 동물성 단백질 섭취가 아주 중요하지요.

아이에게 채식주의자들의 의견과 육식주의자들의 의견을 균형감 있게 전달하면서 아이는 어떤 이들의 생각에 동의하는지 귀기울여 들어주세요. 아이의 의견을 들으면서 아이가 정확하게 표현하지 못한 부분은 적절한 질문을 통해 정확하고 구체적으로 풀어낼 수 있도록 도움을 줍니다. 아이의 생각을 다 들은 다음에는 엄마의 생각도 이야기해 주세요.

문해력을 다지는 글쓰기 활동

지구상의 동물들을 명품 가방이나 구두, 핸드백, 코트 등으로 만드는 것을 막을 수 있는 포스터를 만들어 봅니다. 앞에서 포스터에는 반드시 표어가 들어가야 한다고 했지요? 자신이 그림으로 표현하고 싶은 메시지를 글로 표현하는 데까지 이루어져야 문해력을 다듬어 나갈 수 있습니다.

아직 한글을 쓰지 못하는 유아라면 포스터를 그린 뒤 엄마가 대신 표어를 써 주세요.

서식지 파괴에 대한 문제의식 키우기

엄마가 미안해

이철환 글 | 김형근 그림 | 미래아이

동물이 멸종되는 가장 큰 이유가 서식지 파괴라고 합니다. 기후 변화와 같은 자연적 원인으로 동물이 멸종된 경우는 오히려 드물대요. 사람들의 욕심 때문에 동식물들의 보금자리인 서식지가 파괴되고 있어요. 이 책은 그중에서도 사람들이 도시에 높은 건물을 짓기 위해 포구의 모래를 마구 퍼 가면서 보금자리를 잃어버린 쇠제비갈매기의 이야기입니다.

쇠제비갈매기는 우리나라의 부산 낙동강 하구 모래섬과 금강 주변,

전북 군산 새만금 사업지구에서 주로 서식하는 여름새입니다. 겨울이 되면 필리핀이나 오스트레일리아, 인도, 스리랑카로 옮겨가 겨울을 나지요. 하지만 안타깝게도 쇠제비갈매기는 세계자연보전연맹(IUCN)에서 지정한 멸종 위기 관심 대상 동물이에요. 그래서 그런지 하루아침에 보금자리를 잃고 새끼마저 생사를 알 수 없게 된 어미 쇠제비갈매기의 모습이 더욱 처량해 보입니다.

아이와 함께 이 책을 읽을 때는 어미 쇠제비갈매기의 심정이 잘 드러나도록 하는 것이 핵심입니다. 그러기 위해서는 글로는 표현되지 않았으나 그림을 통해 충분히 느낄 수 있는 감성까지도 아이에게 전달해 줘야 해요. 아이들은 글보다 그림에 더 집중을 합니다. 그림보다 글에 더 집중하는 어른과는 완전히 다른 독서 패턴이지요.

그래서 그림을 추론할 수 있는 시간을 충분히 주면서 독서를 하는 것이 중요한데, 이때 엄마가 조금만 도움을 주면 독서에 더욱 빠져들 수 있습니다. 제 아들에게 책을 읽어 줄 때면 저는 그야말로 '생쇼'를 했답니다. 책에는 안 나와 있는 대사들을 이 캐릭터 저 캐릭터 목소리를 바꿔 가며 혼자서 열정적으로 역할극을 했어요.

예를 들어 이 책에서 어미 쇠제비갈매기가 새끼 쇠제비갈매기를 입으로 물어 널빤지 위에 올려놓는 장면이 있는데, 이 부분을 읽을 때 "아가야, 무서워도 조금만 참아. 엄마가 지켜줄게.", "엄마, 널빤지 위에 올라가면 우리는 안전한 거야?", "그럼 당연하지. 비가 그칠 때까지 여기에서 버티면 우리는 안전한 곳으로 이동할 수 있어.", "엄마 무서워요. 안아 주세요."라고 책에 없는 대사를 만들어 아들에게 들려주었어요.

그런데 하루는 아들이 "엄마, 지난번엔 새끼 쇠제비갈매기가 그렇게 안 말했었는데. 지난번에는 '엄마도 어서 널빤지에 타세요. 엄마도 위험해요.'라고 말했었는데."라고 하더라고요. 저도 생각해 보니 그랬던 것 같아 웃음이 터졌고요. 그만큼 아들이 저의 어설픈 역할극을 몰입해서 들었다는 뜻이 아닐까요? 책은 무조건 실감나고 재미있게 읽어 주는 것이 최고입니다.

책을 다 읽었다면 마지막 장에 새끼를 잃은 어미 쇠제비갈매기가 모래밭에 서서 무슨 생각을 하고 있을지 이야기를 나누어 보세요. 어미 쇠제비갈매기가 옆으로 서 있는데 눈도 잘 보이지 않고 입 모양도 특별할 게 없어서 표정을 알 수가 없어요. 그러므로 앞에서 읽었던 내용을 바탕으로 해서 어미 쇠제비갈매기가 어떤 생각을 하고 있을지 토론해 보세요.

아마도 새끼들을 생각하며 아주 슬픈 생각을 하고 있을 것 같아요. 사람들에 대한 원망도 깊을 것 같고요. 하필 왜 사람들이 파괴하고 있는 이 모래밭으로 온 건지 자기 자신을 자책하고 있을지도 모릅니다. 혹시 사람들에 대한 복수를 다짐하고 있지는 않을까요? 같은 처지에 놓인 쇠제비갈매기들을 모아서 역습을 하면 어쩌지요?

다양한 생각을 나눈 뒤 사람들의 욕심으로 인해 서식지가 파괴되고 있는 동물들이 많다는 사실을 알려 주세요. 우리나라에서는 천성산 도롱뇽의 서식지에 터널을 뚫으려고 했던 정책이 유명합니다. 일본에서는 새와 비슷한 소리를 내서 우는토끼라는 이름이 붙은 토끼의 서식지에 터널을 뚫으려던 정책이 유명하고요. 동물의 서식지가 파괴되는 것을 막기 위해 많은 사람들이 반대 운동을 벌였다는 점은 비슷하지만, 우리나라는 실패로 돌아가서 터널이 뚫렸고 일본은 성공해서 터널이 뚫리지 않았다는 차이점이 있습니다.

'서식지'라는 말이 좀 어려울 수도 있겠지만, 앞에서 이야기한 것처럼 어려운 단어를 아이가 이해하기 쉽게 설명해서 그것을 알 수 있게 하는 것이 바로 어휘력 공부입니다. 한번 도전해 보세요.

문해력을 키우는 추론 활동

요즘 아이들이 가장 좋아하는 물건은 두말할 것도 없이 스마트폰입니다. 스마트폰을 만들기 위해서는 콜탄이라는 광물이 필요해요. 왜냐하면 스마트폰을 만드는 데 핵심적인 재료가 바로 탄탈륨인데, 탄탈륨은 콜탄을 가공해서 만들거든요.

콜탄을 가장 많이 생산하는 나라는 콩고입니다. 그런데 하필이면 고릴라의 서식지에 콜탄 광산이 있다고 하네요. 그래서 고릴라는 서식지에서 쫓겨나는 신세가 되고 말았답니다. 멸종 위기에 처했다는 이야기도 있고요. 사람들을 편안하고 즐겁게 해주는 스마트폰으로 인해 고릴라는 고통 속에서 살아가고 있네요.

스마트폰이 만들어진 이상 스마트폰을 안 쓰고 살 수는 없습니다. 그렇다고 고릴라의 고통을 그냥 못 본 척할 수도 없어요. 서로 행복할 수 있는 방법은 없을까요? 아이와 함께 추론하고 이야기 나눠 보세요.

 ### 문해력을 다지는 글쓰기 활동

앞에서 추론 활동을 통해 사람과 콩고의 고릴라가 모두 행복할 수 있는 방법을 찾았다면 앞으로의 다짐을 글로 써 봅니다. 아직 한글을 쓰지 못하는 유아라면 이야기로 마무리해도 괜찮아요.

물의 순환에 대해 이해하기

물은 어디서 왔을까?

신동경 글 | 남주현 그림 | 길벗어린이

과학책을 읽을 때는 무엇보다 중요한 것이 핵심 내용을 정확하게 이해했는지 여부예요. 등장하는 용어와 원리를 이해하지 못한다면 과학책을 백 번 읽는다고 하더라도 소용이 없어요. 그런데 대부분의 아이들이 과학책을 읽을 때 글자만 눈으로 쓱 훑고 책장을 넘기기 때문에 중요한 용어를 외우지 못하고 원리도 정확하게 이해하지 못해요. 그래서 저는 과학책은 초등학교 3, 4학년이 되어도 그림책 형태로 읽을 것을 추천합니다. 그림책 형태여도 꼭 필요한 내용이 다 담겨 있을 뿐만 아니라, 아이들이 쉽게 이해할 수 있도록 간단명료하게 설명해 줘요. 그래서 용어를 외우고 원리를 이해하는 데 딱 알맞습니다.

괜히 욕심내서 글밥이 많은 과학책을 건넨다면 두 마리 토끼를 잃고 말아요. 안 그래도 이해하기 어려운 과학을 글밥 많은 책으로 건넸으니 너무 재미없을 테지요. 그래서 독서에 대해 흥미를 잃고 독서로부터 멀어지는 부작용이 발생합니다. 게다가 책 내용을 이해할 수 없으니 당연히 과학 상식을 쌓는 건 불가능하겠지요. 과학책을 읽고 과학 상식을 쌓지 못했다면 그것은 그야말로 헛수고한 셈입니다. 그래서 두 마리 토끼를 잃는다고 표현한 거예요.

『물은 어디서 왔을까?』는 물의 순환에 대한 이야기를 유쾌한 그림과 명쾌한 설명으로 잘 전달하는 책이에요. 물의 순환은 초등학교 과학 교과서에서 등장하는 내용이기 때문에 아이들이 반드시 알아야 하는데, 매우 단순하고 쉬운 내용임에도 불구하고 아이들이 잘 이해하지 못하는 경향이 있습니다. 엄마와 함께 책을 읽으면서 물의 순환에 대해 정확하게 이해할 수 있는 시간을 갖게 되기를 바라요.

과학책이니까 당연히 용어와 원리를 정확하게 짚고 넘어가는 것부터 시작해야겠지요? 사실적 질문을 통해 아이가 책을 정확하게 파악했는지 확인해 보는 시간을 가져야 합니다. 정확하게는 '사실적 질문'이지만 아이에게 접근할 때는 '수수께끼'라든지 '미션'이라는 키워드로 접근해야 해요. 앞에서 말했다시피 '수수께끼'나 '미션'이라는 말이 등장하면 아이들은 놀라울 만큼의 집중력과 열정을 발휘해요.

생물들의 몸에는 물이 각각 몇 %씩 존재하는지, 지구의 모든 물을 100개의 페트병에 담는다면 바닷물을 몇 병이고 얼음과 녹지 않는 물은 몇 병이며, 또 우리가 먹을 수 있는 물은 몇 병인지 등 비교적 복잡한 문제도 답을 맞히기 위해 기억력을 총동원할 것입니다. 물이 열을 받았을 때 눈에 안 보이는 작은 알갱이로 변한 것을 무엇이라고 하는지, 수증기가 가장 많이 생기는 곳은 어디인지, 왜 지구의 물은 없어지지 않는지에 대해 수수께끼 풀듯 즐겁게 답을 찾아보세요.

그러고 나서 왜 지구의 물은 없어지지 않는데 물 부족 현상이 일어나는지 고민을 해 보는 겁니다. 지구의 물은 이 책에서 잘 설명되어 있는 것처럼 돌고 돌기 때문에 한 방울도 사라지지 않아요. 그렇지만 요즘 물 부족 문제가 심각하다고 하잖아요. 도대체 지구상의 물이 한 방울도 사라지지 않는데 왜 물 부족 때문에 위기라고 할까요?

일단은 과거에 비해 인구가 많아졌습니다. 똑같은 양의 물을 더 많은 사람들이 나누어 사용해야 하니 당연히 부족해질 수밖에 없겠지요. 지구 온난화로 인해 증발하는 물이 증가하면서 이 또한 물 부족 현상을 초래하고 있다고 하네요. 지구 온난화로 산악 지대의 빙하가 녹는 것도 물 부족의 한 원인이 됩니다. 산악 지대의 빙하는 여름철에 서서히 녹으면서 농경지로 흘러 곡식을 자라게 하는데, 지구 온난화로 빙하가 단기간에 녹아 버리면서 어느 순간 물 공급이 끊어져 버리

는 거예요. 한마디로 물 부족 현상은 인구 증가와 지구 온난화로 인한
것이었네요.

우리가 지구 온난화를 막아야 하는 또 하나의 이유를 찾았어요. 지
구 온난화는 북극곰이 살아가는 터전인 북극의 얼음을 녹지 않게 하
기 위해서만 필요한 게 아니에요. 우리 모두의 생존이 달려 있는 문제
입니다.

여기까지 이야기를 나누었으면 아이가 물의 순환에 대해서도 잘 이
해했을 것이고, 물 부족 현상이 일어나는 이유에 대해서도 잘 파악했
을 것입니다. 그렇다면 '물의 순환'을 주제로 재미있는 동화 한 편을 들
려달라고 제안해 보세요. 하늘에서 내려온 물방울이 주인공이 되어
세상을 여행하는 스토리면 아주 재미있는 동화가 완성될 것 같아요.
주인공에게 이름까지 붙여 주면 금상첨화겠지요.

문해력을 키우는 추론 활동

물 부족 국가에서 살아가는 아이들의 이야기를 들려주세요. 특
히 아프리카 아이들이 정말 많은 어려움을 겪고 있지요. 물이 부
족해서 수십 킬로미터나 걸어서 물을 길어 와야 하는 상황이니
까요. 그렇게 어렵게 얻은 물이 깨끗한 것도 아닙니다.

사진이나 동영상과 같은 시청각 자료를 통해 물 부족 국가에

서 살아가는 아프리카 아이들이 어떤 물을 마시면서 살아가는지 보여 주면 더 정확한 정보를 얻을 수 있습니다. 그런 자료들을 보면서 느낀 점에 대해 아이와 함께 이야기 나누어 보세요.

문해력을 다지는 글쓰기 활동

물 부족 국가 아이들에게 편지글을 쓰는 시간을 가져 봅니다. 물부족 문제로 아이들이 겪는 어려움에 대해 공감하고 앞으로 내가 어떤 점을 노력할지 다짐하는 내용을 곁들이면 진성성 있는 편지글이 될 거예요.

아직 한글을 쓰지 못하는 유아라면 그림으로 마음을 표현하면 됩니다.

바다 오염 문제 파악하기

고래를 삼킨 바다 쓰레기

유다정 글 | 이광익 그림 | 와이즈만북스

책의 제목이 '바다 쓰레기를 삼킨 고래'가 아니라 '고래를 삼킨 바다 쓰레기'인 것부터가 인상적입니다. 우리는 보통 쓰레기는 작고 사소한 것으로 생각하고 고래는 강하고 거대한 것으로 생각하는데, 이 책에서는 쓰레기를 고래보다 더 강하고 거대하고 위협적인 존재라고 해석한 것 같아요.

아닌 게 아니라 바다 쓰레기가 거대한 고래를 무너뜨린 사건이 실제로 있었습니다. 이 책은 2016년에 독일의 해안가에서 죽은 채로 발견된 향유고래 이야기로 시작해요. 죽음의 원인을 찾아내기 위해 향유고래를 해부했을 때 사람들은 큰 충격에 빠졌지요. 배 속이 온갖 바다 쓰레기들로 가득했거든요.

바다 쓰레기로 인한 향유고래의 죽음은 이후에도 자주 목격되었습니다. 2018년에는 인도네시아에서도 발견됐고, 2019년도에는 영국 북부 스코틀랜드 해안에서도 발견됐어요. 이런 사건들은 그냥 그림책으로 볼 때와 뉴스나 기사를 통해서 실제의 모습을 볼 때가 느낌이 많이 다릅니다. 그래서 저는 실제로 있었던 일은 뉴스나 기사, 혹은 유튜브에서 찾아 보여 주는 편이에요. 아이들은 유튜브를 가장 좋아하니까 유튜브에 접속한 뒤 '향유고래, 플라스틱'이라는 검색어를 넣어 실제 화면을 시청하면 좋겠습니다. 그래야 그 심각성을 제대로 알 수가 있어요.

바다 쓰레기는 왜 생기는 것일까요? 책에 그 내용이 잘 나와 있어요. 물고기를 잡던 그물도 바다 쓰레기가 될 수 있고, 낚시하다가 버린 낚싯바늘과 낚싯줄도 바다 쓰레기가 될 수 있어요. 화물선에 실려 있던 짐이 바다로 떨어지면서 쓰레기가 되기도 하지요. 사람들이 바닷가에서 버린 쓰레기는 말할 것도 없겠지요. 그런데 우리가 무심코 버린 쓰레기도 바다로 흘러들어 간대요. 비가 올 때 하수구로 쓸려 갔다가 그것이 하천과 강을 거쳐 바다로 흘러들어 가기도 할 거예요. 실제로 바다에서 발견되는 쓰레기의 80%는 육지에서 생겨난 것이라고 합니다.

이 부분을 읽을 때는 당연히 아이와 함께 바다 쓰레기를 만들었던 경험에 대해 이야기 나누어야 합니다. 바닷가에 놀러 갔다가 해안가에 쓰레기를 버린 적은 없는지, 갯벌 체험을 하면서 망가진 도구를 두고 온 적은 없는지 잘 생각해 보도록 해요. 그런 경험이 없더라도 무심코 버린 쓰레기가 하천과 강을 거쳐 바다로 흘러들어 갔을 수도 있다는 사실을 상기하며, 우리 모두가 바다 쓰레기의 공범이라는 사실을 인정하고 반성하는 시간을 가져야 합니다.

바다에 공장 폐수와 핵폐기물이 버려진다는 사실도 알아야 합니다. 아직 어린아이들은 공장 폐수와 핵폐기물을 잘 인지하지 못할 수도 있어요. 책의 설명만으로는 부족할 수 있으니 이것들이 무엇이고 얼마나 위험한지 조금 더 부연 설명을 해 줄 필요가 있을 것 같아요.

공장에서 기계를 돌릴 때 만들어지는 공장 폐수에는 중금속이 많이 포함되어 있는데, 이것이 주변의 땅으로 흘러들어 가면 그곳에서 자란 식물 역시 중금속에 오염되어 그것을 우리가 섭취했을 때 각종 질병에 걸릴 수 있습니다. 심지어는 암도 유발하지요. 핵폐기물은 핵발전소(원자력발전소)에서 전기를 만들고 남은 찌꺼기라고 할 수 있는데, 핵폐기물의 부작용은 따로 설명할 필요 없이 인터넷에서 자료 사진을 찾아 보여 주면 단숨에 이해할 수 있을 거예요.

그런 것들을 바다에 버린다면 나쁜 물질들이 해양 생물의 몸으로 흘러들어 갈 것이고, 해양 생물을 섭취하며 살아가는 사람들의 건강은 엉망진창이 되겠지요. 이런 이야기를 해 줘야 하는 이유는 바다 쓰레기 문제가 단지 지저분하고 보기 싫고 해양 생물을 고통스럽게 하는 문제에서 그치는 것이 아니라, 우리 사람들에게도 그 피해가 고스란히 전달된다는 것을 알아야 하기 때문입니다.

보기만 해도 시원하고 행복한 바다, 그 안에 들어가면 더 시원하고 더 행복한 바다가 건강해야 우리도 건강할 수 있어요. 아이와 함께 바다를 깨끗하고 건강하게 지킬 수 있는 방법을 고민하면서 책 읽기 시간을 마무리해 보세요.

 문해력을 키우는 추론 활동

플라스틱은 가볍고 편리해서 인류 최고의 발명품으로 손꼽히지요. 우리 생활은 플라스틱과 떼려야 뗄 수 없는 관계예요. 오죽하면 끊임없이 플라스틱을 소비하면서 살아간다고 해서 '호모 플라스티쿠스'라는 별칭이 붙었겠어요.

그런데 현재 바다를 가장 위협하는 쓰레기는 바로 플라스틱입니다. 실제로 바다 쓰레기의 90%가 플라스틱이라고 합니다. 편리한 발명품이 생태계를 교란하는 주범이 되어 버린 것이지요. 다시 말해 플라스틱을 줄여야 바다를 살릴 수 있어요.

아이와 함께 플라스틱을 줄일 수 있는 방법에 대해 이야기 나누어 보세요. 일상생활에서 쉽게 실천할 수 있는 것일수록 더 좋습니다. 예를 들어 배달 음식을 먹을 때 일회용 숟가락이나 굳이 먹지 않는 소스류는 보내지 말아 달라고 요청하는 것쯤은 쉽게 실천할 수 있는 일이잖아요. 카페에 갈 때 텀블러를 들고 가는 것도 아주 쉬운 실천 방안이고요. 신경 써서 찾아보면 일상생활에서 플라스틱을 줄일 수 있는 방법은 아주 많답니다.

 ### 문해력을 다지는 글쓰기 활동

이 책의 마지막 장에는 바다 쓰레기로 작품을 만드는 김지환 정크아트 작가를 소개하고 있어요. 김지환 작가의 작품들을 살펴본 뒤 집에 있는 버려지는 플라스틱을 이용해 아이와 함께 정크아트를 해 보세요. 단, 주제를 환경에 맞춰 작업해 보도록 합니다.

작품이 완성되었다면 작품명과 작품 소개를 글로 써서 작품에 붙이도록 합니다. 아직 한글을 쓰지 못하는 유아라면 작품을 완성한 뒤 작품명은 엄마가 써 주고 그것을 아이와 함께 작품에 붙이면 됩니다.

우주 쓰레기의 문제점 알기

우주 쓰레기

고나영 글 | 김은경 그림 | 와이즈만북스

우주 쓰레기는 우주를 떠도는 쓸모없는 인공 물체들을 말합니다. 부서진 인공위성이나 로켓 발사 후 버려진 연료통, 수명이 다한 인공위성에서 떨어진 볼트나 너트, 인공위성끼리 부딪혀 생긴 조각 같은 것들이 모두 우주 쓰레기가 돼요. 우주 쓰레기는 아주 작은 것이라도 인공위성과 우주 정거장 등에 부딪히면 큰 문제를 일으킬 수 있어요. 또 간혹 지구로 떨어지면 사람들이 위험에 빠질 수도 있고요. 그래서 우주 쓰레기의 심각성을 알고 문제를 해결해 나가려는 노력을 기울여야 합니다.

이 책에는 우주 쓰레기가 무엇인지부터 시작해, 우주 쓰레기의 심각성, 우주 쓰레기를 줄이고 치우려는 노력 등이 아주 자세히 나와 있어요. 그뿐만 아니라 인공위성이 무엇인지, 우주인들이 어떻게 살아가는지 우주 청소부가 어떤 일을 하는지에 대해서도 들려줍니다. 우주 쓰레기나 우주 청소부에 대한 것은 영화 〈승리호〉를 보면 좀 더 실감 나게 이해할 수 있어요.

아이와 함께 책을 읽고 나서 이 책의 핵심 내용을 잘 이해했는지 확인하는 활동을 두 단계로 나누어 진행해 봅니다. 1단계에서는 책의 내용을 잘 파악했는지 사실적 질문을 건네 보세요. 그런데 아이들은 그냥 단답형 질문보다는 ○× 퀴즈를 훨씬 더 좋아해요. 일단 답을 말하기가 쉽기도 하지만, 빠른 속도로 진행되기 때문에 스릴감을 만끽하는 것 같아요.

엄마와 아이가 번갈아 가면서 ○× 퀴즈를 내고 답하는 활동을 해 봅니다. 이때 문제는 반드시 ○나 ×로 대답할 수 있도록 출제해야 한다는 사실을 미리 알려 주세요. ○나 ×로 대답할 수 있도록 문제의 형태를 조정하는 것만으로도 사고력 훈련이 됩니다. 예를 들어 '우주로 발사된 세계 최초의 인공위성은 무엇일까?'라고 문제를 내면 ○나 ×로 대답할 수 없겠지요. 하지만 '우주로 발사된 세계 최초의 인공위성은 우리별 1호다.'라고 내면 ○나 ×로 대답할 수 있습니다. 참고로 이 문제의 답은 ×입니다.

이런 식으로 ○× 퀴즈 놀이를 하면서 책의 핵심 내용을 정확하게 파악할 수 있도록 합니다. 혹시나 아이 앞에서 답을 틀리면 창피해서 어쩌나 고민할 필요는 없습니다. 엄마는 어른이기 때문에 아이 앞에서 완벽해야 한다는 생각은 하지 않아도 돼요. 사람은 완벽할 수도 없고, 또 아이가 완벽한 엄마를 더 존경하는 것도 아닙니다.

엄마의 권위는 아이의 마음을 잘 이해해 주고, 아이의 부족한 점이나 잘못한 점을 잘 보듬어 줄 때 커집니다. 그러니까 ○× 퀴즈를 틀려서 엄마의 권위가 떨어질까 하는 걱정은 조금도 할 필요가 없어요. 오히려 엄마가 적당히 틀려 줘야 아이가 더 즐거워하면서 승부욕을 불태울 거예요.

2단계에서는 '만약에~' 놀이를 통해 확장적 질문을 건네 봅니다. '만약에 우주 쓰레기를 계속 치우지 않는다면 100년 뒤 지구는 어떤 위험에 처할까?', '만약에 우주 쓰레기가 걱정되어 우주 개발을 중지한다면 어떤 일이 일어날까?', '만약에 누군가가 나에게 우주 청소부가 되어 달라고 제안한다면 나는 어떤 결정을 내릴까?'와 같은 질문이면 아이에게 많은 생각거리를 만들어 줄 거예요.

그런데 아이가 더 멋진 대답을 하기 위해서는 엄마의 도움이 필요해요. 예를 들어 '만약에 우주 쓰레기가 걱정되어 우주 개발을 중지한다면 어떤 일이 일어날까?'와 같은 질문을 하고자 한다면, 우주 개

발을 통해 우리가 누리고 있는 혜택에 대해 넌지시 이야기해 줘야 우
주 개발을 중지했을 때 생겨나는 문제점을 아이가 자신 있게 대답할
수 있어요. 인공위성이 없다면 날씨도 미리 알 수 없고, 스마트폰도 쓸
수 없고, 내비게이션이 길을 안내해 주지도 못하겠지요. 또 우주 탐사선
을 우주로 보내지 않으면 우리는 우주의 신비를 알 길이 없을 테고요.

이런 이야기들을 나누면서 우주 쓰레기 문제를 어떻게 해결하는 것
이 가장 현명한 길일지에 대한 결론을 내 보세요. 아이로부터 기상천
외한 아이디어가 나와서 우주 쓰레기 문제를 완벽하게 해결할 수 있
는 방법이 생길지도 몰라요.

 문해력을 키우는 추론 활동

이 책의 내용을 보면 세계 최초로 인공위성을 우주로 쏘아 올린
나라가 러시아라고 나옵니다. 많은 사람들이 타의 추종을 불허
하는 우주 강국인 미국이 최초로 인공위성을 쏘아 올렸을 것이
라고 예상하지만 실상은 1957년 러시아에서 최초로 인공위성을
쏘아 올렸어요.

공산주의 국가의 맹주인 러시아(당시의 소련)가 최초로 인공위
성을 쏘아 올리자 자유주의의 맹주였던 미국은 큰 충격에 빠졌
어요. 이것을 '스푸트니크 쇼크'라고 부르는데요. 러시아가 최초
로 쏘아 올린 인공위성의 이름을 딴 것이랍니다. 스푸트니크 쇼

크를 계기로 미국은 우주 탐사 분야에 대한 전반적인 개혁을 실시했고, 그 결과 미 항공우주국(NASA)이 만들어졌으며 1969년에는 아폴로 11호가 달에 착륙했어요.

아이와 이런 역사를 되짚어 보면서 과거 미국과 러시아가 어떤 관계였는지, 자유주의와 공산주의는 어떻게 다른지 추론해 보는 시간을 가지면 좋을 듯합니다.

문해력을 다지는 글쓰기 활동

우주 쓰레기가 위험하다고 해서 우주 개발을 멈출 수는 없습니다. 그러기에는 우리는 인공위성에 크게 의존하는 삶을 살고 있으며, 우주에 대한 동경 또한 너무나 커요. 우주 개발을 멈출 수는 없지만 우주 쓰레기는 줄여야 합니다. 아이와 함께 우주 개발자들에게 우주 쓰레기와 관련해 당부하고 싶은 말을 글로 써 보세요. 아이가 아직 '당부'라는 말을 모른다면 당연히 가르쳐 주고 넘어가야 해요.

아직 한글을 쓰지 못하는 유아라면 우주 개발자들에게 당부하고 싶은 바를 말로 표현하는 것으로 마무리하면 됩니다.

수록 도서 목록(가나다 순)

제목	지은이	출판사	쪽수
감자는 약속을 지켰을까?	백미숙 글 · 노영주 그림	느림보	63쪽
고래를 삼킨 바다 쓰레기	유다정 글 · 이광익 그림	와이즈만북스	260쪽
규칙이 왜 필요할까요?	서지원 글 · 이영림 · 박선희 · 권오준 그림	한림출판사	131쪽
기적의 오케스트라 엘 시스테마	강무홍 글 · 장경혜 그림	양철북	201쪽
나는 나의 주인	채인선 글 · 안은진 그림	토토북	175쪽
나는 사실대로 말했을 뿐이야!	패트리샤 맥키삭 글 · 지젤 포터 그림 · 마음물꼬 옮김	고래이야기	84쪽
나는 소심해요	엘로디 페로탱 지음 · 박정연 옮김 · 이정화 해설	이마주	186쪽
나도 투표했어!	마크 슐먼 글 · 세르주 블로크 그림 · 정회성 옮김	토토북	141쪽
너에겐 고물? 나에겐 보물!	허은미 글 · 윤지 그림	창비	234쪽
늑대가 들려주는 아기 돼지 삼형제 이야기	존 셰스카 글 · 레인 스미스 그림	보림	68쪽
니 꿈은 뭐이가?	박은정 글 · 김진화 그림	웅진주니어	196쪽
당나귀 실베스터와 조약돌	윌리엄 스타이그 지음 · 이상경 옮김	다산기획	79쪽
마음 여행	김유강 지음	오올	181쪽
마음대로가 자유는 아니야	박현희 글 · 박정섭 그림	웅진주니어	136쪽
매튜의 꿈	레오 리오니 지음 · 김난령 옮김	시공주니어	170쪽
명품 가방 속으로 악어들이 사라졌어	유다정 글 · 민경미 그림	와이즈만북스	244쪽
물은 어디서 왔을까?	신동경 글 · 남주현 그림	길벗어린이	255쪽
빨간 지구 만들기 초록 지구 만들기	한성민 지음	파란자전거	224쪽
살색은 다 달라요	캐런 카츠 지음 · 신형건 옮김	보물창고	157쪽
샌드위치 바꿔 먹기	라니아 알 압둘라 왕비 · 켈리 디푸치오 글 · 트리샤 투사 그림 · 신형건 옮김	보물창고	152쪽

숲으로 간 코끼리	하재경 지음	보림	105쪽
슈퍼 거북	유설화 지음	책읽는곰	58쪽
쓰레기가 쌓이고 쌓이면…	박기영 글 · 이경국 그림	웅진주니어	229쪽
아름다운 가치 사전 1	채인선 글 · 김은정 그림	한울림어린이	100쪽
엄마가 미안해	이철환 글 · 김형근 그림	미래아이	250쪽
엄마를 화나게 하는 10가지 방법	실비 드 마튀이시웍스 글 · 세바스티앙 디올로장 그림 · 이정주 옮김	어린이 작가정신	74쪽
온 세상 국기가 펄럭펄럭	서정훈 글 · 김성희 그림	웅진주니어	147쪽
용기를 내, 비닐장갑!	유설화 지음	책읽는곰	191쪽
우주 쓰레기	고나영 글 · 김은경 그림	와이즈만북스	265쪽
작은 눈덩이의 꿈	이재경 지음	시공주니어	164쪽
장난인데 뭘 그래?	제니스 레비 글 · 신시아 B. 데커 그림 · 정회성 옮김	주니어김영사	122쪽
제가 잡아먹어도 될까요?	조프루아 드 페나르 지음 · 이정주 옮김	베틀북	89쪽
지렁이 굴로 들어가 볼래?	안은영 지음	길벗어린이	218쪽
친구를 사귀는 아주 특별한 방법	노튼 저스터 글 · G. 브라이언 카라스 그림 · 천미나 옮김	책과콩나무	117쪽
투발루에게 수영을 가르칠 걸 그랬어!	유다정 글 · 박재현 그림	미래아이	239쪽
퐁퐁이와 툴툴이	조성자 글 · 사석원 그림	시공주니어	94쪽
행복한 청소부	모니카 페트 글 · 안토니 보라틴스키 그림 · 김경연 옮김	풀빛	211쪽
행운을 찾아서	세르히오 라이를라 글 · 아나 G. 라르티테기 그림 · 남진희 옮김	살림출판사	206쪽
화가 나는 건 당연해!	미셀린느 먼디 글 · R. W. 앨리 그림 · 노은정 옮김	비룡소	112쪽
휠체어는 내 다리	프란츠 요제프 후아이니크 글 · 베레나 발하우스 그림 · 김경연 옮김	주니어김영사	126쪽

공부머리 만드는 초등 문해력 수업

초판 1쇄 발행 2021년 9월 2일
초판 3쇄 발행 2022년 1월 6일

지은이 | 김윤정
기획 | CASA LIBRO
펴낸곳 | 원앤원북스
펴낸이 | 오운영
경영총괄 | 박종명
편집 | 최윤정 김형욱 이광민 김상화
디자인 | 윤지예
마케팅 | 송만석 문준영 이지은
등록번호 | 제2018 - 000146호(2018년 1월 23일)
주소 | 04091 서울시 마포구 토정로 222 한국출판콘텐츠센터 319호(신수동)
전화 | (02)719 - 7735   팩스 | (02)719 - 7736
이메일 | onobooks2018@naver.com   블로그 | blog.naver.com/onobooks2018
값 | 17,000원
ISBN 979-11-7043-243-2 03590